JASON KHALIPA

DAS AMRAP-PRINZIP

As Many Reps As Possible – wie du geschäftlich,
privat und im Wettkampf erfolgreich wirst

W0067897

JASON KHALIPA

CrossFit Games World Champion

DAS
AMRAP
PRINZIP

As Many Reps As Possible –
wie du geschäftlich, privat und
im Wettkampf erfolgreich wirst

FBV

Bibliografische Information der Deutschen Nationalbibliothek
Die Deutsche Nationalbibliothek verzeichnet diese Publikation in der Deutschen Nationalbibliografie.
Detaillierte bibliografische Daten sind im Internet über http://dnb.d-nb.de abrufbar.

Für Fragen und Anregungen:
info@finanzbuchverlag.de

1. Auflage 2019

© 2019 by FinanzBuch Verlag, ein Imprint der Münchner Verlagsgruppe GmbH,
Nymphenburger Straße 86
D-80636 München
Tel.: 089 651285-0
Fax: 089 652096

Copyright der Originalausgabe:
© 2019 by Jason Khalipa
Die englische Originalausgabe erschien 2019 unter dem Titel *As many REPS as possible*.

Übersetzung: Martin Bayer
Redaktion: Ulrike Reinen
Korrektorat: Silvia Kinkel
Umschlaggestaltung: Marc-Torben Fischer, München
Umschlagabbildung: © Jason Khalipa
Satz: Satzwerk Huber, Germering
Druck: CPI books GmbH, Leck
Printed in Germany

ISBN Print 978-3-95972-247-6
ISBN E-Book (PDF) 978-3-96092-461-6
ISBN E-Book (EPUB, Mobi) 978-3-96092-462-3

Weitere Informationen zum Verlag finden Sie unter:

www.finanzbuchverlag.de
Beachten Sie auch unsere weiteren Verlage unter www.m-vg.de.

ANMERKUNG
DES VERLAGES

Dieses Buch ist ein Referenzwerk, kein medizinisches Fachbuch. Die darin enthaltenen Informationen dienen dazu, fundierte Entscheidungen über die eigene Gesundheit zu treffen. Es ersetzt keine Behandlungen, die Ihnen von Ihrem Arzt verschrieben wurden. Sollten Sie davon ausgehen, ein gesundheitliches Problem zu haben, raten wir Ihnen, kompetenten medizinischen Rat einzuholen.

Die Informationen in diesem Buch dienen als Ergänzung, nicht als Ersatz, zu sachgerechten Trainingsübungen. Alle Formen von Übungen stellen ein inhärentes Risiko dar. Der Autor und der Verlag raten dazu, mit Bedacht auf die eigene Sicherheit vorzugehen und die eigenen Grenzen zu kennen und zu akzeptieren.

Bevor Sie die Übungen in diesem Buch durchführen, überprüfen Sie die Funktionsfähigkeit Ihres Equipments und gehen Sie kein Risiko ein, das Ihr Level an Erfahrung, Fähigkeit und Fitness übersteigt.

Die Übungspläne in diesem Buch sind nicht als Ersatz für medizinisch vorgeschriebene Übungsprogramme gedacht. So wie bei allen Übungsplänen sollten Sie, bevor Sie damit anfangen, mit Ihrem Arzt besprechen, ob diese für Sie geeignet sind.

INHALT

KAPITEL 7

Für meine Familie, meine Freunde und für alle,
die sich den Herausforderungen des Lebens
ohne Zögern stellen.
Dieses Buch ist für euch.

VORWORT
Der Tag, an dem sich alles änderte

Mit der Arbeit am vorliegenden Buch begann ich im Herbst 2015. Damals ging es mir wirklich gut. Ich war privat und beruflich erfolgreich und wusste genau, was ich darüber zu erzählen hatte, wie man ein erfolgreiches Geschäft aufbaut, wie man als Unternehmer richtig handelt und wie man dabei im Gleichgewicht bleibt – mental, emotional und physisch. Meine Arbeit und mein Familienleben liefen auf allen Zylindern. Ich glaubte, wir hätten es »geschafft«.

Das änderte sich am 20. Januar 2016 auf einen Schlag. Es war ein Mittwoch, und wir waren mit Ava, unserer vierjährigen Tochter, zum Arzt gefahren. Sie hatte neuerdings Schmerzen in den Beinen. Zuerst dachten wir, das seien Wachstumsschmerzen, wie sie jedes Kind erlebt, aber kurz darauf bekam sie starke Blutergüsse, für die wir keine Erklärung hatten. Dann waren da noch die Ohreninfektionen ... schwere Ohreninfektionen. Der Arzt sagte uns, eine davon sei der schlimmste Fall gewesen, den er je gesehen habe. Es war ziemlich übel. Ich fing an, mir ernsthaft Sorgen zu machen.

Gegen 14 Uhr nahm eine Helferin Ava Blut für einen Labortest ab. Die Ärzte dachten, es könne sich um eine Mangelerscheinung – etwa einen ausgeprägten Eisenmangel – handeln, die Avas Organismus so schwächte. Sie schickten die Blutprobe als Eilauftrag ans Labor.

Dann fuhren wir nach Hause. Abends kochte Ashley, meine Frau, gerade das Essen, als gegen 18 Uhr zunächst das Labor anrief: In Avas Blutbild zeigten sich »Auffälligkeiten«, und wir sollten uns für einen weiteren Anruf bereithalten. Das sind keine Worte, die man gern hört.

Fünf Minuten später rief Avas Arzt an. »Bringen Sie Ava bitte sofort in die Notaufnahme der Stanford-Klinik«, sagte er.

Mehr erzählte er uns nicht, aber die Dringlichkeit in seiner Stimme sagte uns, dass wir nicht zögern durften. Wir brachen sofort auf. Das Essen blieb auf der Anrichte stehen, während wir die nervenzehrende 35-Minuten-Fahrt von unserem Haus in Los Gatos bis nach Palo Alto hinter uns brachten.

Zuerst dachten wir, die Auffälligkeit im Blutbild habe etwas mit der Mangelerscheinung zu tun, die die Ärzte vermutet hatten, und die müsse sofort behandelt werden. Aber wir rieten natürlich nur herum und hofften das Beste. Was wirklich los war, ahnten wir nicht.

Wir meldeten uns in der Notaufnahme und wurden in einen besonderen Behandlungsraum für Kinder mit Immunschwäche geschickt. Jetzt waren wir allein und in Quarantäne – es wurde wirklich ernst. Ich werde diesen ersten Termin nie vergessen. Leider sollte er der erste von vielen weiteren in diesem Krankenhaus werden. Eine Schwester brachte uns in den Behandlungsraum, und bevor sie uns dem Personal dort überließ, gab sie uns einen Rat, der meine Frau und mich völlig unvorbereitet traf.

»Eins möchte ich Ihnen ans Herz legen«, sagte sie. »Ich habe hier schon einiges erlebt, viele Geschichten mitbekommen. Halten Sie sich immer einen Abend nur für Sie beide frei, eine *Date Night*, damit Ihre Beziehung hält.«

Ashley und ich schauten einander entgeistert an. *Was soll das denn bitte heißen?*, fragte ich mich. Erst wollte ich die Schwester zurechtweisen, hielt mich aber zurück, als ich langsam verstand, was sie meinte. Sie erlebte schließlich schon seit Jahren mit, wie Elternpaare durch diesen Raum geschleust wurden ... und wusste, dass uns eine harte Zeit bevorstand. Wir wären schließlich nicht hier gelandet, wenn die Diagnose nicht sehr schwerwiegend ausfallen würde.

Gleich würden wir erfahren, was Ava eigentlich fehlte. Mein Schwiegervater Jeff eilte zu uns in den Behandlungsraum, so schnell er konnte. Wir saßen stundenlang da und warteten, bis gegen 1 Uhr morgens schließlich eine Ärztin hereinkam. Sie berichtete, zwei weitere Pathologen hätten den Befund des Blutbilds überprüft, und bat mich, mit nach draußen zu kommen, um das Ergebnis zu hören. Wir gingen hinaus auf den Gang, wo wir ungestört waren.

»Wir sind jetzt ziemlich sicher, dass Ihre Tochter an Leukämie leidet«, erklärte die Ärztin.

»Ist das ganz sicher?«, fragte ich.

»Zu 99 Prozent.«

Den Ansturm der Gefühle, als ich diese Worte hörte, kann ich nicht beschreiben. Ich war völlig fertig und weinte lange, dort draußen auf dem Gang. Du kannst dir vorstellen, was für eine Flut von Gedanken – fast nur negative – mir durch den Kopf schoss. Ich war kein Krebsexperte, aber ich wusste, dass das eine sehr schlechte Nachricht war. Niemand will die Diagnose Krebs hören – besonders nicht, wenn es um die vierjährige Tochter geht.

Schließlich riss ich mich zusammen, ging zurück ins Behandlungszimmer und überbrachte Ashley und ihrem Vater die Nachricht. Dann verließ ich den Raum mit Ashley wieder und weinte auf dem Gang weiter. Nachdem wir dort draußen eine Weile allein miteinander gewesen waren, trafen wir eine Vereinbarung. Wir würden, nachdem wir allen Angehörigen Bescheid gesagt hatten, keine Tränen mehr vor Ava zulassen. Unabhängig davon, wie schlecht es uns ging, wie belastend die Situation auch sein mochte ... in ihrer Gegenwart wollten wir *immer* positiv bleiben. Bis heute, nach vielen Operationen, Therapien und Klinikaufenthalten, haben wir uns auch daran gehalten.

Und noch etwas schworen wir einander: Wir würden diese Krankheit zusammen besiegen und sofort damit anfangen. Jetzt gleich. Also gingen wir zurück ins Zimmer und machten uns an die Arbeit. Zuerst erklärten wir Ava, was das überhaupt für eine Krankheit war, und warum wir deswegen mitten in der Nacht ins Krankenhaus mussten. Weil sie noch so klein war, wusste sie nicht, was *Krebs* oder *Leukämie* bedeutete, also mussten wir ihr wirklich alles erklären. Sie ist allerdings ein kluges Kind und hatte sich schon gedacht, dass es sich um eine ernste Sache handelte. Ashley und mir gelang es, ihr die Krankheit so zu schildern, dass wir sie nicht verharmlosten, aber dabei positiv und hoffnungsvoll blieben. Avas Krankheit zu heilen würde viel Arbeit erfordern, aber wir würden das alle gemeinsam durchziehen.

Ich wusste damals sofort, dass alles, was mir im Leben dankenswerterweise gelungen war – als Geschäftsmann, als Weltrekord-Athlet, als Mensch und mit der finanziellen Grundlage, die wir gelegt hatten –, eine Vorbereitung auf diese Herausforderung gewesen war. Das war jetzt die Bewährungsprobe. Wir hatten eine starke Familie. Wir hatten eine gute Krankenversicherung. Unser Unternehmen, das Fitness-Start-up NCFIT, war ein florierendes, erfolgreiches Geschäft mit kompetenten Mitarbeitern, denen ich vertraute. Ich wusste, dass unser CFO Matt Walker und die anderen im Team den Laden allein schmeißen konnten, während ich mich zu hundert Prozent auf den jetzt anstehenden Kampf gegen die Leukämie konzentrierte.

Noch in derselben Nacht schickte ich Matt eine E-Mail:

Von: Jason Khalipa
Datum: Donnerstag, 21. Jan. 2016, 01:44 Uhr
Betreff: Planänderung

Ich habe noch nie so viel geweint wie heute Nacht. Mit Tränen in den Augen muss ich dir leider sagen, dass Ava an Leukämie erkrankt ist und ich mindestens einen Monat bei ihr im Lucile Packard Hospital bleiben werde. Die Behandlung beginnt noch heute.

Vorläufig kann ich mich nicht ums Geschäftliche kümmern.
Vielleicht einen Tag, eine Woche oder ein halbes Jahr lang.
Ich weiß es noch nicht.
Bitte übernimm die laufenden Geschäfte, Matt. Bis auf Weiteres ernenne ich dich hiermit zum geschäftsführenden Präsidenten. Wenn notwendig, lass uns das besprechen. Kannst du für mich eine E-Mail an die Mitarbeiter aufsetzen?
Sag bitte allen im Unternehmen, dass ich nicht ansprechbar bin, außer, es hat mit der Genesung meiner Tochter zu tun.
Danke.
Jason Khalipa

In jener Nacht änderte sich vieles, darunter auch meine Gründe, dieses Buch zu schreiben. Ursprünglich wollte ich nur ein wenig von dem Unsinn richtigstellen, den man in der Abteilung Business-Ratgeber von Flughafenbuchläden so findet. In den Jahren zuvor hatte ich auf meinen Reisen hin und wieder solche Bücher mitgenommen – und war immer enttäuscht worden. Diese Ratgeber versprechen Belohnung ohne erbrachte Leistung und eine erfolgreiche Zukunft ohne Vorausplanung und harte Arbeit. Einige waren sehr hypothetisch und hatten eigentlich keine Substanz; andere gingen nur von einer bestimmten Fallstudie aus und trafen einfach nicht auf mich zu. Ich las alles Mögliche – nur nicht die einfache Botschaft: Steh auf und fang an zu arbeiten! Schließlich beschloss ich, ein Buch zu schreiben, welches genau das aussagt: Arbeite hart und konzentriert.

Aber jetzt bedeutet das Buch viel mehr für mich. Das Warum, der eigentliche Grund, es zu schreiben, hat sich geändert. Ich *wollte* schon immer gewinnen und Erfolg haben – aber ich wusste ja nicht, dass meine Tochter einmal Leukämie bekommen würde. Jetzt *musste* ich gewinnen. Dieser schreckliche Schlag hat meine Perspektive geändert und mir einen tieferen Grund geliefert.

Auch wenn sich das Warum für mich geändert hat, ist mir doch an meinem eigentlichen Motiv, dieses Buch zu schreiben, etwas aufgefallen: Die entscheidenden Prinzipien und Lehren, die ich aus meinem persönlichen Lebensweg gezogen habe – vom ziellosen Highschool-Absolventen, der keine Ahnung hatte, was er mit seinem Leben anfangen sollte, zum Weltrekordsportler mit Familie und millionenschwerem, aus dem Nichts aufgebauten Unternehmen –, waren jetzt unentbehrliche Grundlagen für die bei Weitem größte Herausforderung, die mir je gestellt worden ist: die Krebserkrankung meiner Tochter. Sicher kannst du dir vorstellen – oder weißt es sogar aus persönlicher Erfahrung –, dass man, um als Vater oder Mutter mit einer solchen Situation fertigzuwerden, emotionale Selbstbeherrschung, Disziplin, Ausdauer, die Fähigkeit zur totalen Konzentration und noch viel, viel mehr braucht. Am Anfang meines Lebenswegs hatte ich all das noch nicht.

Wenn ich auf mein Leben zurückschaue, glaube ich wirklich, dass ich mich die ganze Zeit über auf diese Konfrontation mit dem Krebs vorbereitet habe. In der Highschool hatte ich viel Spaß mit meinen Kumpels und machte mir keine großen Gedanken um die Zukunft. Ich ging viel auf Partys, hing wochenlang am Pool herum und tat gar nichts. Als ich dann sah, dass andere in meiner Umgebung hart arbeiteten und etwas aus sich machten, während ich am selben Ort feststeckte, war es fast zu spät.

Aber ich lernte trotzdem wichtige Lektionen von wichtigen Menschen. Als Erwachsener eignete ich mir Methoden an, mit denen ich große Leistungen vollbringen konnte, ohne dabei meine Familie zu vernachlässigen. Die ganze Zeit über arbeitete ich dabei mit Techniken, die mich jetzt durch die schwierigsten Herausforderungen bringen würden, mit denen ich je konfrontiert war. Die Gesamtheit dieser Techniken ist das AMRAP-Prinzip.

Ich habe immer wieder die Bestätigung erhalten, dass es entscheidend ist, ein *Warum* zu haben, einen guten Grund, warum man so handelt und sein Leben so führt, wie man es tut. Ich bin Tag für Tag dankbar dafür, dass ich die AMRAP-Mentalität schon vor Jahren zu meinem Lebensprinzip gemacht habe, weil sie mich darauf vorbereitet hat, zu kämpfen – nicht ohne Angst, Erschöpfung oder Schmerz, aber ohne dass mich dies aufgehalten hätte. Sie war es, die mir und meiner Familie die Kraft gab, uns ganz auf eins zu konzentrieren: Avas Genesung. Auch dir kann das AMRAP-Prinzip diese Kraft geben. Sollte also einmal der Tag kommen, an dem dir das Leben einen Schlag versetzt und du zu Boden gehst wie wir damals ... dann kannst du danach nicht nur wieder aufstehen, sondern bist auch noch stärker motiviert als je zuvor.

KAPITEL 1

TOOLS, DIE DICH BEFREIEN

Während ich dies schreibe, denke ich voller Dankbarkeit an meinen Erfolg als Profisportler im CrossFit und auch als Gründer und Eigentümer eines Unternehmens, das mir alles bedeutet – NCFIT. Am schönsten ist natürlich, dass ich meine große Liebe aus der Highschool heiraten konnte und dass wir jetzt zwei wunderbare Kinder haben, Ava und Kaden. Wir sind glücklich, und Ava hat die Leukämie fast überwunden. Das ist mein Maßstab für Erfolg.

Ich möchte wetten, dass es ein paar Leute ziemlich überrascht hat, was aus mir geworden ist. Ehrlich gesagt hatten sie gar nicht so unrecht, wenn sie mir damals nicht viel zutrauten.

Meine besten Freunde waren schon auf der Highschool meine Kumpels. Sie kennen mich also so gut wie niemand sonst. Und sie wissen noch, was für ein Mensch ich als Schüler war – ein netter Kerl, ein guter Freund, aber manchmal auch ein ziemlicher Trottel. Ich glaube, wenn du sie fragen würdest – oder sogar Matt, unseren CFO, du erinnerst dich –, wie sie damals meine Zukunftschancen gesehen haben, müssten sie wohl sagen, dass sie mir kaum welche gaben. Oder sogar gar keine! Ich war jedenfalls nicht gerade ein konzentrierter, leistungsbereiter Schüler.

Vielleicht haben ja die Ratgeber aus der Flughafenbuchhandlung doch recht – und vielleicht hatte ich einfach nur großes Glück. Ich kriegte mein Mädchen, trainierte mir ein paar Muskeln an, gewann ein paar wichtige Work-outs, gründete ein Unternehmen, machte ein bisschen Geld und so weiter. Oder aber, und das trifft den Kern vielleicht eher, ich bin das Beispiel für jemanden, der rechtzeitig aufwacht, sich an die Arbeit macht, konzentriert bleibt, nicht aufgibt und entdeckt, was er oder sie alles kann, wenn er oder sie nur will.

Es war nicht einfach für mich, mein Potenzial zu entdecken und es dann für mich einzusetzen. Die Tools, die ich brauchte, um erfolgreich zu werden, fand ich erst nach und nach, im Lauf eines lehrreichen Lebenswegs, den ich das Glück – oder besser das Privileg – hatte, zu durchlaufen. Diese Tools, auf die ich mich Tag für Tag im Leben verlasse, bilden ein System, das ich das AMRAP-Prinzip nenne. Damit meine ich die Kombination mehrerer grundlegender Bausteine, die ich möglichst durchgehend und in jeder Situation anwende. Dieses Prinzip möchte ich dir jetzt vorstellen.

Was heißt AMRAP?

AMRAP ist eine in der Fitnessbranche allgemein übliche Abkürzung. Sie steht für *As Many Rep(etition)s As Possible*, also »Übung so oft wie möglich wiederholen«.

AMRAP – As Many Rep(etion)s As Possible

Kurz gesagt handelt es sich um eine Form des Zirkeltrainings, bei der die Stoppuhr dir sagt, wie lange du trainierst, aber du selbst entscheidest, wie intensiv. Kurzes Beispiel: Liegestütze auf dem Boden, eine Minute lang – AMRAP, eine Minute. Schaffst du mehr als 40, herzlichen Glückwunsch von mir.

Ich kämpfe schon seit über zehn Jahren bei meinen Work-outs gegen die Uhr, und das Ziel, möglichst viel aus einer Minute herauszuholen, wurde zur Grundlage für das AMRAP-Prinzip. Im Grunde geht es dabei darum, die eigenen Ziele – ob große oder kleine – durch Konzentration, Entschlossenheit und Arbeit zu erreichen. Ob im Fitnessstudio, zu Hause oder bei der Arbeit – das AMRAP-Prinzip ist ein System, das deine Gedanken, Gefühle und Handlungen so aufeinander abstimmt, dass du auf die bestmögliche und effektivste Weise auf dein Ziel hinarbeitest.

DAS AMRAP-PRINZIP BESTEHT AUS FÜNF BAUSTEINEN:

- Mache dir deine Motivation klar
- Konzentriere dich auf das, was du verändern kannst
- Arbeite hart
- Wechsele rechtzeitig den Gang
- Bewerte die Lage neu, wenn nötig

Erinnerst du dich daran, wie du Radfahren gelernt hast? Das war anstrengend, oder? Bevor du auch nur daran denken konntest, schnell oder weit zu fahren, musstest du dich erst einmal *konzentrieren*. Die Konzentration, die du brauchtest, um überhaupt aufrecht auf zwei Rädern zu bleiben, ist am Anfang der Aufgabe entscheidend. Wenn du das geschafft hast, kannst du ein Mal um den Block radeln. Das ist *harte Arbeit*. Vielleicht fährst du unterwegs auf einen Stein und drohst die Kontrolle über das Rad zu verlieren. Dann musst du den *Gang wechseln*, während du gleichzeitig weitertrittst und darauf konzentriert bleibst, das Gleichgewicht zu halten. Und wenn du bergauf und bergab fährst, musst du weitertreten, auch wenn du gerade schaltest – das ist Anpassung, ohne nachzugeben.

So funktioniert das AMRAP-Prinzip – es verlangt Konzentration, harte Arbeit, rechtzeitige Gangwechsel und die Fähigkeit zur

Neubewertung der Lage. Nicht nur hin und wieder oder ein Mal pro Stunde, sondern fortlaufend ... so oft du nur kannst, AMRAP. Zuerst musst du dich bewusst auf jedes einzelne Element konzentrieren, aber bald funktioniert dies unbewusst, sozusagen automatisch.

Wie gesagt, die Abkürzung AMRAP bezeichnet eine Art des Zirkeltrainings: Man wiederholt eine Übung so oft wie möglich in einer vorgegebenen Zeit. Erfahrung und Sportwissenschaft sagen uns, dass ein hartes, intensives und konzentriertes Training in einem gut durchgeführten Work-out nur wenige Minuten dauern muss, um trotzdem einen enormen physiologischen und hormonellen Unterschied zu machen. Besonders AMRAP ist eine Work-out-Methode, die, richtig ausgeführt, bei minimalem Zeitaufwand maximale Ergebnisse bringt.

AMRAP ist eine Work-out-Methode, die bei minimalem Zeitaufwand maximale Ergebnisse bringt.

Im Folgenden noch ein Beispiel, um den Unterschied zu demonstrieren, den diese Methode bewirkt: Nehmen wir an, dein Work-out umfasst zehn Liegestütze, zehn Kniebeugen und zehn Sit-ups. Jede Übung zehn Mal ausgeführt ergibt einen Durchgang.

Jetzt stell dir vor, der Trainer im Fitnessstudio sagt, »Geh mal nach da drüben auf die Matte und mach ein paar Durchgänge – je zehn Liegestutze, zehn Kniebeugen und zehn Sit-ups. Ich schaue nachher, wie es läuft.« Auch wenn du körperlich noch nicht viel drauf hast, ist das nicht besonders anstrengend. Vielleicht kommst du nicht mal ins Schwitzen. Du machst einen Durchgang, ruhst dich ein paar Minuten auf der Matte aus, streckst dich, machst noch einen Durchgang, holst dir ein Glas Wasser ... So vergeht leicht eine halbe Stunde ohne große Probleme – und ohne dass du groß trainierst. Schau dir ruhig mal in einem konventionellen Fitnessstudio an, wie die Leute mit genau dieser Einstellung von einer Maschine zur nächsten wandern. Man sieht diese Art Halbherzigkeit beim Training dort nämlich dauernd. So geht viel Zeit verloren, aber du baust kaum Kondition oder Muskeln auf.

Jetzt ändern wir das Tempo ein bisschen. Sagen wir, du trainierst in einer Gruppe. An der Wand hängt eine große Countdown-Uhr, Der Trainer stellt sie auf zehn Minuten und gibt euch eine Aufgabe: »Wie viele Runden aus Liegestützen, Kniebeugen und Sit-ups schafft ihr in zehn Minuten? Wer die meisten hat, gewinnt, und die Aufgabe besteht darin, zu gewinnen. Wer diese Übung schon einmal gemacht hat, muss außerdem besser werden als beim letzten Mal.«

Ach du Scheiße. Ja, jetzt musst du schlucken. Du trittst nicht nur gegen die anderen in der Gruppe, sondern auch gegen dich selbst an. Auf einmal sieht die einfache Übung ganz anders aus, und ich wette mit dir um dein nächstes Gehalt, dass du mit AMRAP mehr Runden schaffst als vorher.

Das ist ziemlich anstrengend, und es ist effektiv, weil es dich herausfordert. Wenn du allerdings zu hart rangehst, wirst du wieder langsamer, denn du kannst dich verletzen, wenn du es übertreibst. Eine Verletzungspause abzuwarten oder Fehler korrigieren zu müssen, die du in Hast und Eile gemacht hast, kostet dich nur Zeit – Zeit, in der du ansonsten auf dein Ziel hättest hinarbeiten können. Achte also auf jeden Fall immer auf deine Sicherheit, wenn du beim Work-out die AMRAP-Mentalität anwendest.

Nicht nur im Fitnessstudio

Treten wir jetzt im Geist ein paar Schritte zurück und schauen, wie man diese Methode auch außerhalb des Trainings anwendet. Das AMRAP-Work-out findet natürlich meistens im Fitnessstudio statt. Aber wie steht es mit dem Konferenzzimmer, dem Klassenzimmer ... und dem Krankenzimmer?

Es ist tatsächlich nicht schwer, sich vorzustellen, wie Menschen in jeder Situation von einer Anwendung dieses Trainings profitieren können. Man könnte die Grundidee auch als »Leistung bei Bedarf« oder »Leistung unter Druck« beschreiben. Nehmen wir ein kurzes Beispiel aus dem Arbeitsalltag im Büro: Dir wird ein Projekt zugewiesen, bei dem du eine wichtige Verkaufspräsentation für einen großen potenziellen Kunden erstellen sollst. Die Unternehmensleitung konnte das Angebot unerwartet an Land ziehen … und du hast nur ein paar Stunden, um die Slideshow vorzubereiten! Jetzt brauchst du AMRAP, um rechtzeitig fertig zu werden! Aber genau wie bei den Liegestützen musst du darauf achten, dich nicht zu überfordern.

Situationen, in denen man so unter Druck gerät, gibt es im Leben immer wieder – ob in der Schule, in der Beziehung oder wenn man ein Unternehmen gründet. In all diesen Fällen kann man aber das AMRAP-Prinzip anwenden, und längst nicht nur in diesen!

> *Handele schnell, aber so, dass du die Sache im Griff behältst.*

Zurück zu unserem Trainingsbeispiel. Siehst du, wie die Countdown-Uhr eine ziemlich langweilige Übungsroutine in einen Wettkampf verwandelt? Wie viel mehr man auf diese Weise in zehn Minuten schafft? Wie viel Schweiß und Anstrengung man sich abringt? Jeder, der so etwas schon öfter gemacht hat, weiß, dass ein einfaches Konditionstraining zu einer alptraumhaften Herausforderung werden kann, wenn man alles gibt.

Stell dir die Wirkung vor: 20 Minuten hat man schnell vertrödelt, wenn man im Fitnessstudio herumhängt, auf Facebook unterwegs ist oder sich mit anderen Zeitverschwendungen abgibt, die einem das Internet aufdrängt. Aber durch das AMRAP-Prinzip – einer Kombination aus begrenzter Zeit, einem konkreten Ziel und dem Wettbewerb mit anderen oder sich selbst – kann man schon in fünf, zehn oder 20 Minuten erstaunlich viel erreichen. Jetzt stell dir vor, was in einer Stunde möglich ist!

Wie sieht es mit deiner Leistung unter Druck aus? Schiebst du die Aufgabe vor dir her, oder arbeitest du an den Fähigkeiten, die du brauchst, um das Ergebnis zu maximieren? Und – noch wichtiger – inwiefern bringt dich das eine oder das andere deinem Ziel und einer sinnvollen Verhaltensweise näher oder führt davon weg?

Als Sportler wie als Unternehmer baue ich schon lange auf das AMRAP-Prinzip. Es besteht aus fünf Grundbausteinen, die ich hier kurz vorstelle:

1. Mache dir deine Motivation klar

Das Warum, deine Motivation, ist Grundlage und Treibstoff des AMRAP-Prinzips. Harte Arbeit und Konzentration sind ihr Herzstück, aber das Warum legt den Grundstein. Diese Grundlage, in der wir die Leistungsvorgaben innerhalb kurzer Zeitabschnitte festlegen und den Druck eines Countdowns und des Wettbewerbs hinzufügen, ist eine sehr wirkungsvolle Methode. Konzentration wird dadurch nicht nur möglich, sondern erzwungen. Sie tritt automatisch ein, wenn man die richtigen Bedingungen schafft, und eine klare Motivation hilft dabei sehr.

Zu wissen, was man will und warum man es will, ist die treibende Kraft des ganzen Prozesses. Ein entschlossenes Verfolgen dieser Motivation treibt dich auf sie zu wie eine Rakete mit Hitzesensor. Das AMRAP-Prinzip ist ein Bündel von Methoden, harte, wichtige Arbeit schnell und gut zu erledigen. Wenn man aber gar nicht richtig weiß, warum man etwas tut oder vielleicht nicht wirklich dahintersteht, funktioniert es nicht. Ohne klare Motivation wird man nur schwer Erfolg haben.

Harte Arbeit und Konzentration sind das Herzstück des AMRAP-Prinzips aber das Warum legt ihren Grundstein.

Ich gebe dir ein Beispiel aus meiner eigenen Erfahrung. Nehmen wir an, du willst die Meisterschaft in den CrossFit Games. Klasse, das finde ich toll! Damit hast du dir aber ein anspruchsvolles Ziel gesetzt, das nur nach jahrelanger harter, konzentrierter Arbeit und anstrengenden Wettkämpfen zu erreichen ist. Bist du bereit, fast alles andere im Leben für diesen Sieg aufzugeben? Bist du bereit, früh und spät zu trainieren, auch wenn du krank bist, auch wenn du Urlaub hast? Tut es dir um jede Minute leid, die du nicht trainierst? Macht dich der Gedanke wahnsinnig, dass jetzt gerade ein Konkurrent härter trainiert als du? Ich will damit sagen, dass deine Motivation stark genug sein muss, um dich nicht nur zu aller notwendigen Mühsal anzuspornen, sondern auch dazu, täglich Opfer zu bringen. Wenn deine Motivation nämlich nicht stark genug ist, dann wirst du eines Tages mitten in einem harten Training oder einem quälenden Wettkampf eine leise Stimme hören, die dir zuflüstert: *Warum tust du dir das eigentlich an? Du brauchst es doch gar nicht.* Wenn du darauf nicht sofort eine eindeutige Antwort hast, dann ist es vorbei. Du hast gerade verloren.

Dasselbe Prinzip gilt für praktisch jedes Ziel und jede Herausforderung. Vieles von dem, was ich während meiner Unternehmensgründung gelernt habe, habe ich ... nun, als Unternehmensgründer gelernt! Jeder Unternehmer wird dir bestätigen, dass der Weg zum Erfolg nicht leicht ist. Man muss bereit sein, rund um die Uhr zu arbeiten und immer fürs Geschäft da zu sein. Es gibt keine freien Tage mehr. Dafür lernst du aber ununterbrochen dazu, und du musst bereit sein, jede Lektion anzunehmen und anzuwenden. Auch hier ist eine klare Motivation entscheidend, als Quelle deiner Kraft und Konzentration, als Treibstoff für dein Handeln. Für mich war das Warum einfach zu beantworten: Ich musste Erfolg haben, um meine Familie zu versorgen. ich hatte gar keine Wahl. Meiner Frau und den Kindern jeden Tag etwas zu essen auf den Tisch zu bringen und ihnen eine gute Krankenversicherung zu finanzieren waren nur zwei der vielen Gründe dafür, dass ich dranbleiben musste.

2. Konzentriere dich auf das, was du verändern kannst

Wenn du eine klare Motivation und Ziele hast, die dir etwas bedeuten, musst du noch die Fähigkeiten entwickeln, die deine Aufmerksamkeit auf das richten, was zu verändern in deiner Macht liegt. Wenn du dich nicht auf die Umstände konzentrierst, auf die du Einfluss hast, wirst du womöglich dein eigener schlimmster Feind – deine Vorstellungskraft könnte dich in Bereiche locken, die du nicht unter Kontrolle hast. Wenn du sie dann nicht zügeln kannst – ich spreche hier aus eigener Erfahrung –, wird sie dir ständig ausmalen, was alles schiefgehen kann, und im Nu stehst du innerlich vor einem schwarzen Loch.

Um den Fokus auf das nächste Level zu richten, musst du alles ausblenden, was außerhalb deiner Macht liegt und dich daran halten, worauf es wirklich ankommt. Rate mal, welcher Typ Mensch sich oft um Umstände sorgen macht, die er nicht kontrollieren kann? Das ist der Typ, der oft verliert.

Du kannst es dir so vorstellen: Nehmen wir an, du bist wieder in der Highschool, und in Biologie steht eine Klassenarbeit an. Welche Umstände kannst du selbst verändern? Du bestimmst selbst, wie gut du dich vorbereitest, in welcher mentalen Verfassung du bist, welche Haltung du einnimmst, ob du pünktlich kommst, an einen Ersatzstift denkst,

Halte dich an das, was du ändern kannst.

ob du vorher ausreichend frühstückst ... all das und noch mehr liegt an dir. Und woran kannst du nichts ändern? An den Prüfungsfragen, an dem Streber neben dir, daran, wie schnell die anderen fertig werden und abgeben ... das alles kannst du nicht beeinflussen. Warum machst du dir also Sorgen darüber? Wenn du dich davon ablenken lässt und darüber grübelst, schreibst du vielleicht nicht unbedingt eine Eins. Halte dich lieber an das, was du ändern kannst.

Meine eigene Fähigkeit, diesen Grundsatz zu beherzigen, wurde während der Krebstherapie meiner Tochter auf eine harte Probe gestellt. Ich hatte keine Macht darüber, wann das Ergebnis der nächsten Blutuntersuchung vorlag – aber ich konnte dafür sorgen, dass meine Tochter das Bettzeug oder das Spielzeug bekam, das sie haben wollte. Es ist nicht leicht, sich einzugestehen, dass man nicht alles unter Kontrolle hat, aber man muss sich dazu durchringen. Bei diesem Schritt hilft dir das AMRAP-Prinzip, abzuschätzen, was du verändern kannst, und es von dem zu trennen, worauf du keinen Einfluss hast. Bevor wir zu den nächsten Stufen übergehen, müssen wir zunächst entschieden und exakt definieren, was in unserer Macht liegt.

3. Arbeite hart

Gute alte Arbeit, zuverlässig und altmodisch, ist die Währung des AMRAP-Prinzips – die Moral der Blaumänner. Es gilt eine Aufgabe zu erledigen – also mach dich an die Arbeit. Dabei geht es nicht darum, geheime Tricks und Abkürzungen zu finden, sondern alles zu tun, was zu tun ist, so gut du nur kannst. Harte Arbeit birgt kein Geheimnis. Es handelt sich um Arbeit, und die ist hart, – weiter nichts. Wichtig dabei ist, dass dir mit einer klaren Motivation auch Energie, Entschlossenheit und Vernunft zur Verfügung stehen, um täglich dein Pensum durchzuziehen und ans Ziel zu kommen. Wenn deine Motivation stimmt, macht die Arbeit sogar Spaß und wird dich befriedigen.

Das soll nicht heißen, dass die Arbeit nicht mühsam und anstrengend ist und dass du nicht zwischendurch den Mut verlieren kannst. Es ist ganz normal, wenn du an manchen Tagen nicht besonders motiviert bist. An

Harte Arbeit ist die Währung des AMRAP-Prinzips.

solchen Tagen denke einfach an deine Einsatzbereitschaft und den

Schwung, den du an guten Tagen hast. Wenn du das große Ganze im Blick hast, gibt dir das die Kraft, mit der täglichen Anstrengung umzugehen. Wenn du aber völlig entmutigt oder erschöpft bist – nimm dir ein paar Tage Zeit. Stell dich neu auf und mach dich wieder an die Arbeit. Es hat keinen Sinn, wenn du dir schon in den ersten paar Tagen, die du nach dem AMRAP-Prinzip vorgehst, einen Burn-out holst – schließlich bist du auf Dauer dabei. Das war es auch, was uns die Krankenschwester damals am ersten Tag riet: Nimm dir Zeit für dich selbst. Du wirst sie brauchen!

4. Wechsele rechtzeitig den Gang

Deine Fortschritte zu beobachten und herauf- oder herunterzuschalten, ist der vierte Grundbaustein des AMRAP-Prinzips. Meiner Erfahrung nach ist es fast unmöglich, einen ganzen Tag lang konzentriert bei der Sache zu bleiben – Gehirn und Körper brauchen Zeit, um sich wieder aufzuladen und hochzuschalten. Genau wie man beim Rad- oder Autofahren je nach Situation in einen anderen Gang schalten muss, sollte man auch den Fokus den Tag über immer wieder verlagern. Von Familienzeit über Geschäftszeit bis zur Trainingszeit – wenn du zwischen diesen Gängen hin- und herschaltest, bleibst du konzentriert und präsent. Wenn du arbeitest, konzentriere dich ganz auf die Arbeit – und zu Hause ganz auf die Familie. Schalte hin und her und bleibe dabei konzentriert. Wenn du in einem Gang bist, denke nicht an den, in dem du vorher gefahren bist oder den, in den du als Nächstes schalten wirst. Richte deine Aufmerksamkeit ganz auf den, in dem du jetzt gerade fährst. Mir ist aufgefallen, dass die meisten Menschen drei Gänge haben: Der erste dient der Aufrechterhaltung guter Beziehungen zu Angehörigen und engen Freunden, der zweite der Sicherung des Lebensunterhalts für sich selbst und die Familie und der dritte ist gewöhnlich Hobbys oder sonstigen Leidenschaften vorbehalten.

Bekanntermaßen wechselwirken diese Schritte miteinander. Den Gang zu wechseln kann zum Beispiel ein gutes Mittel gegen die bereits erwähnte Entmutigung sein. Konzentration, unser zweiter Grundbaustein, ist unverzichtbar, wenn wir den Gang wechseln und dabei am Ball bleiben wollen. Zwischen Umständen, die wir nicht kontrollieren können, hin- und herzuspringen, ist reine Energieverschwendung.

5. Bewerte die Lage neu, wenn nötig

Im Leben gibt es immer wieder Zeiten, in denen man sich neu orientieren muss, besonders vor oder nach einem bedeutsamen Ereignis – etwa wenn man ein Kind bekommt, heiratet oder eine Arbeitsstelle antritt beziehungsweise verliert. Solche Momente kommen zwangsläufig, und sie sind eine gute Gelegenheit, die eigenen Motive von Grund auf zu hinterfragen.

Bei der Neubewertung geht es darum, methodisch zu analysieren, wo man im Leben steht, welche Werte man vertritt und wie weit man sie tatsächlich umsetzt. Wenn man sich selbst auf diese Weise überprüft, vermeidet man, vom Kurs abzukommen; davon bin ich überzeugt. Ich komme später noch darauf zurück, aber für mich war es diese Neubewertung, die mich dazu gebracht hat, aus den Profi-Wettkämpfen in meinem Sport auszusteigen und mich auf etwas anderes zu konzentrieren.

Indem ich mir die Zeit nahm, über meinen Platz im Leben und meine Verantwortung nachzudenken, gelangte ich zu dem Schluss, dass meine Familie und mein schnell wachsendes Geschäft jetzt Priorität hatten. Es war unrealistisch anzunehmen, dass ich auf allen Feldern gleichzeitig gute Leistungen bringen würde. Ich konnte nicht die CrossFit Games gewinnen, ein weltweites Unternehmen aufbauen *und* meine Familie zusammenhalten. Vielleicht können andere das; ich wusste, dass es für mich zu viel war. Als ich diese Bewertung vornahm, wurde mir auch klar, dass ich eine reife

Persönlichkeit entwickelt hatte. Ich war bereit für eine neue Herausforderung im Leben und für eine neue Phase – eine, die mich physisch weniger herausforderte, aber auf andere Weise immer noch genug. Deshalb ist Neubewertung ein unverzichtbarer Teil des AMRAP-Prinzips.

Den Sprung wagen

Jetzt wird es Zeit für den Sprung ins kalte Wasser. Wir sind die Grundbausteine eines AMRAP-Work-outs durchgegangen und haben uns mit dem Eckstein des AMRAP-Prinzips vertraut gemacht: Du musst deine Motivation kennen. Das ist das Entscheidende an meinem Ansatz, und ich rate dir ernsthaft, dein Warum die ganze Zeit über zu prüfen, während du dieses Buch liest.

Ich hoffe, dass du aus jedem einzelnen Kapitel eine weitere praktisch anwendbare Lektion mitnimmst, die du direkt auf dein eigenes Leben anwenden kannst. Es kommt nicht darauf an, ob dein Ziel privat oder geschäftlich ist. Mit dem AMRAP-Prinzip lernst du, dass, unabhängig davon wie dein Ziel lautet, jede einzelne Entscheidung ein unverzichtbarer Schritt auf deinem Weg zum Erfolg ist. Es kommt auch nicht darauf an, ob du gerade die ersten Schritte auf deinem Weg machst oder bereits ein ganzes Stück zurückgelegt hast. Das AMRAP-Prinzip hält dich in der richtigen Spur.

> *Mit dem AMRAP-Prinzip lernst du, dass jede einzelne Entscheidung ein unverzichtbarer Schritt auf deinem Weg zum Erfolg ist.*

Egal, ob du noch nie einen Liegestütz gemacht, noch nie eine Krawatte getragen oder noch nie auf einem Wettkampfplatz gestanden hast – jetzt ist die richtige Zeit dafür.

Ich freue mich sehr über die Gelegenheit, dir das AMRAP-Prinzip vollständig zugänglich zu machen und dir gleichzeitig mit Geschichten aus meinem Leben nahezubringen, wie es zustande gekommen ist. Du wirst dich in eine finanziell, professionell,

emotional und persönlich unabhängige Macht verwandeln können, die jeden unerwarteten Schlag, den dir das Leben versetzt,
abschmettern kann. Und es geht auch gleich los.

Mein eigener Weg zur Erkenntnis und Anwendung des
AMRAP-Prinzips begann mit einer Art Weckruf, der mir ein höhe-
res Ziel zeigte, das ich zu verfolgen begann ...

PRAXISÜBUNG

Achtsamkeits-AMRAP (10 Minuten)

Stell einen Kurzzeit-Timer auf 10 Minuten. Schreibe drei Ziele auf, die du schon immer erreichen wolltest, vor dir herschiebst oder schon einmal erfolglos zu erreichen versucht und aufgegeben hast. Wie du noch sehen wirst, ist AMRAP ein abgestuftes System; du kannst also ruhig klein anfangen.

Wenn du deine Liste hast, versuche anhand dessen, was du bis hierher gelesen hast, zu bestimmen, welcher Grundbaustein der AMRAP-Mentalität dir jeweils helfen könnte, erfolgreicher zu sein.

Trainings-AMRAP (6 Minuten)

Stelle einen Kurzzeit-Timer auf 6 Minuten und vollführe so viele Burpees wie möglich.

Ein Burpee ist eine Fitnessübung, die aus dem aufrechten Stand begonnen wird. Lass dich vornüber in den Liegestütz fallen, sodass Knie und Brustkorb den Boden berühren. Dann stehe oder springe wieder auf. Anschließend springe in die Luft und schlage die Hände über dem Kopf zusammen. Jedes Händeklatschen bedeutet einen Durchgang. Fertig? Los!

Jasons Profi-Tipp: Wenn du noch am Anfang deines Fitnesstrainings bist, krabble einfach auf dem Boden vorwärts und zurück, bevor du wieder aufstehst. Mute dir nicht zu viel zu. Wenn du schon besser in Form bist, versuche die Geschwindigkeit, mit der du dich fallen lässt, wieder hochspringst und in die Hände klatschst, zu steigern. Beginne mit hohem Tempo und versuche es zu halten!

KAPITEL 2

ERKENNE DEINE MOTIVATION UND BAUE EIN PERSÖNLICHES KRAFTWERK AUF

Ich habe mir das AMRAP-Prinzip nicht etwa für dieses Buch aus den Fingern gesogen – das Konzept hat über Jahre hinweg Form angenommen, während ich mein Bestes tat, ein besserer Ehemann, Vater, Sportler und Geschäftsmann zu werden. Das AMRAP-Prinzip ist ein einfaches System, das darauf basiert, dass man sein *Ziel* und, noch wichtiger, seine *Motivation* kennt.

Mit der Motivation fängt im AMRAP-Prinzip alles an. Sie ist eine Energiequelle und die Leidenschaft, die dich antreibt, wenn du die lange schwierige Strecke meisterst, die vor dir liegt. Sie ist außerdem dein Wertesystem und der Maßstab, nach dem du deine Entscheidungen fällst und der deine Handlungen bestimmt – sowohl die großen als auch die kleinen.

Die Suche

Deine Motivation zu entdecken, ist eine große Sache – sie verändert dein Leben. Für manche Menschen ist es ganz einfach; ihre Motivation ist offensichtlich. Für andere kann es ein lebenslanges Unterfangen sein – und für manche sogar ein Kampf. Wenn du feststellst, dass du deine Motivation noch suchst, ist das in Ordnung, solange du wirklich das Ziel hast, sie zu finden, und nicht nur ziellos herumstocherst, weil du Angst hast, dich festzulegen oder zu versagen.

Wenn du Mühe hast, deinen Weg zu finden, gib nicht auf. Den ersten Schritt hast du ja bereits gemeistert. Der bestand darin, dir bewusst zu werden, dass du gegenwärtig noch keine starke Motivation hast und, noch wichtiger, dass du eine brauchst. Sie zu finden bedeutet nachzudenken und zu lernen, die größeren Zusammenhänge zu erkennen.

Finde deine Motivation – denn sie verändert dein Leben.

Der nächste Schritt besteht darin, dir darüber klar zu werden, dass du nicht so intensiv bei der Sache bist, wie du eigentlich müsstest. In vielerlei Hinsicht ist die Entdeckung deiner Motivation eine Entdeckung deines Selbst. Sei dir gegenüber ehrlich, wenn du nach deiner Motivation suchst, und akzeptiere, dass du sie vielleicht nicht gleich oder auf leichtem Weg findest. Rechne damit, dass sie umfassender sein könnte, als du gedacht hast. Meine Gründe für dieses Buch beispielsweise habe ich schon beschrieben, aber ein großes Motiv besteht auch darin, dass ich damit Familien helfen kann, die ein krebskrankes Kind zu betreuen haben. Darüber später mehr.

Deine Suche ist es auch, die am Ende die Motivation definiert. Der Weg wird zum Warum (und umgekehrt). Das bedeutet nicht, dass du es langsam angehen lassen und nicht mehr so entschlossen wie möglich nach dem Warum suchen sollst. Wenn du es gefunden hast, fängt die eigentliche Arbeit ja erst an! Aber wenn du glaubst, es genüge, einfach nur so hart wie möglich zu schuften, ohne dass du weißt, wohin die Reise geht ... dann irrst du dich, mein Freund. Das ist ein Rezept für Leichtsinn und letztlich zum Scheitern verurteilt. Was auch immer du vorhast – ohne deine Motivation und den Weg dorthin reicht die Kraft, die du zu Fokussierung und harter Arbeit benötigst, nämlich nicht lange an ... oder ist sofort erloschen. Suche deine Motivation!

Motive identifizieren

Wie beginnt man? Woher kommt dieser nie versiegende Antrieb? Ist er manchen Menschen womöglich einfach angeboren?

Es gibt vielleicht ein paar wenige Glückliche, die ihre Motivation von Anfang an kennen. Ich gehörte leider nicht dazu. Ich glaube auch gar nicht, dass die Motivation angeboren sein kann – jedenfalls nicht die Art, die ich meine. Den innersten Grund für das eigene Handeln zu kennen, heißt, dass man sich selbst ehrlich und ernsthaft analysiert. Einen Teil deiner Motivation erkennst du vielleicht schon früh, aber du musst weiter daran arbeiten, sie vollständig zu finden. Manche Menschen haben ein großes Talent zur Selbsterkenntnis. Und dann gibt es noch die anderen, beispielsweise mich, die einen Tritt brauchen, um aufzuwachen.

Der Tag, an dem ich anfing, mein Warum zu erkennen und nach dem AMRAP-Prinzip zu leben, war mein erster Tag am College. Bis zu diesem Tag war mein Leben nicht gerade von Zielstrebigkeit geprägt. Ich hatte mich ein wenig an verstiegenen Geschäftsideen versucht, an der Highschool halbherzig Sport getrieben, eine Teilzeitstelle im Fitnessstudio gehabt und mit ein paar guten Freunden eine Menge Partys besucht. Außerdem gab es ein paar gute Partys, bei denen ich eine Menge Freunde traf. (Gutes Wortspiel, oder?) Ernsthaft – ich hatte kein Ziel im Leben, aber eins gab es doch, das mir sehr wichtig war: meine damalige feste

Freundin und große Liebe aus der Highschool, Ashley. Wie bei vielen anderen Anlässen wurde durch Ashley auch dieser erste Tag am College für mich so bedeutsam.

Das West Valley College ist ein Community College ungefähr zwanzig Minuten Fahrzeit südwestlich der Innenstadt von San José. Die meisten Studenten pendeln zwar jeden Tag dorthin, aber es ist eigentlich ein sehr schöner Campus mit Wohnheimen – 143 Morgen Hügelland am Fuß der Santa Cruz Mountains.

Trotz der einladenden Atmosphäre war das West Valley aber nicht mein Wunschcollege. Ashley und die meisten meiner Freunde waren nach der Highschool ans College der Santa Clara University gegangen. Weil ich mit Ashley »ging«, wollte ich mich natürlich auch dort einschreiben, wurde aber wegen meiner schlechten Abschlussnoten nicht angenommen. Ein paar andere Colleges hätten mich zwar trotzdem genommen, aber ich entschied mich für das weniger prestigeträchtige Junior College, damit ich später doch noch an die Santa Clara University wechseln konnte, um dort mit Ashley und meinen Kumpels weiterzustudieren.

Also fand ich mich am ersten Tag des Semesters am West Valley ein, und es war, sagen wir, ein ernüchterndes Erlebnis. Ehrlich gesagt war es mir ein bisschen peinlich, dort anzufangen. Nicht, dass ich mich den Kommilitonen geistig überlegen fühlte – peinlich war mir, dass ich meine Zeit, meine Begabung und meine Kraft verschwendet hatte und meinem Potenzial nicht gerecht geworden war.

Die Highschool-Atmosphäre, die ich so gemocht hatte, gab es nicht mehr. Highschool bedeutete, dass man sich gegenseitig übermütig in die Rippen boxte und High-fives gab und eine Menge Spaß hatte. Der Stundenplan gab dem Tag Struktur, ohne dass man sich selbst darum bemühen musste. Ich nutzte die Struktur aus, das ging ganz einfach. Ich ließ mich treiben, und vom schüchternen Neuntklässler im ersten Highschool-Jahr bis zum Anführer der Schule im Senior-Jahrgang habe ich nie mehr für die Schule getan als notwendig. Im Sport war ich nicht schlecht, weil ich von Natur aus kräftig gebaut und athletisch bin. Tagsüber hing ich mit meinen Freunden herum, am Wochenende war Party angesagt. Ab Montag tauchte ich dann in den Kursen auf, in denen ich Punkte brauchte, und schwänzte diejenigen, in denen ich es mir leisten konnte. Und es klappte – ich hatte meinen Abschluss. Kommt dir bekannt vor, oder?

Als ich mich dann ins erste richtige Seminar am West Valley College setzte, begriff ich langsam, worin der Unterschied zur Highschool bestand. Ich kannte keinen meiner Kommilitonen und fühlte mich, als hinge ich in der Luft. Da saß ich in einem großen Hörsaal unter Menschen jeden Alters und Hintergrunds. Ich suchte nach einem bekannten Gesicht, aber alles, was ich sah und spürte, war neu ... radikal neu gegenüber der vertrauten Umgebung. Ich bekam Herzklopfen, ich hatte Angst.

Wir sollten uns den anderen Studenten im Seminar vorstellen. Einer nach dem anderen stand auf, sagte seinen Namen und gab ein, zwei persönliche Einzelheiten dazu. Die anderen hatten die unterschiedlichsten Vorgeschichten und kamen aus allen sozialen Klassen.

Neben mir saß eine Frau, die wohl Anfang zwanzig war. Ich schaute sie an, als sie aufstand, und hoffte, jemanden zu finden, mit dem ich unausgesprochene Gemeinsamkeiten teilte. Die gab es aber nicht. Ich weiß nicht mehr, wie die Studentin hieß, aber als sie von sich sagte, »Das ist mein siebtes Studienjahr hier«, blieb mir fast das Herz stehen.

Siebtes Studienjahr. *Siebtes Studienjahr?*

Als ich dran war, stand ich auf, sah mich im Raum um und stieß unbeholfen hervor, »Hi, ich bin Jason. Ich bin im ersten Semester.« Dann setzte ich mich wieder hin. Ich war durcheinander. Schreckensbilder einer vagen, ziellosen Zukunft zogen an mir vorbei. Ich konnte mich den Rest der Unterrichtsstunde über kaum konzentrieren. Alles, was ich hörte, war ein entferntes Quaken, ähnlich der Lehrerin in den Peanuts-Zeichentrickfilmen. Die Studentin neben mir war schon sieben Jahre am Community College. Sollte man denn hier nicht in zwei Jahren seinen Abschluss machen, um sich dann entweder einen Arbeitsplatz zu suchen oder aber ein vierjähriges Universitätsstudium aufzunehmen?

Ich fragte mich, ob ich nicht auf demselben Weg war. Würde auch ich so enden wie die Studentin neben mir und sieben Jahre am College hängen bleiben? War ich etwa auch in Gefahr, mich hier bequem einzurichten und immer weiter Community-College-Kurse zu belegen, während fast ein Jahrzehnt meines Lebens verstrich?

Bei Unterrichtsschluss hatte ich es sehr eilig. Ich musste sofort herausfinden, was ich mit meinem Leben anfangen wollte, noch am selben Tag. Was ich nicht wollte, stand mir deutlich vor Augen: Ziellosigkeit, Ungewissheit, Angst, Trägheit. Ich wollte Entschlossenheit, Mühe, Disziplin, Hartnäckigkeit. Das Erlebnis im Seminar versetzte mir buchstäblich einen Stoß. Bald schon sollte ich meinen Mangel an Antrieb gegen eine lebensverändernde Motivation eintauschen, die meiner Seele die Richtung wies. Große Veränderungen standen bevor.

Ich dachte über mich selbst nach wie noch nie zuvor – mit brutaler Ehrlichkeit. Indem ich die Highschool nicht ernst genommen hatte, trennte ich mich, ohne es zu wollen, selbst von meinen Freunden. Viele meiner Mitschüler waren auf ihrem Lebensweg schon weiter und warteten nicht auf mich. Und damit hatten sie recht! Aber jetzt veränderten mich zwei Wörter für immer: siebtes Studienjahr. Vielleicht verstörte mich daran so sehr, wie schnell es einem passieren konnte, sich als Mitt- oder Endzwanziger wiederzufinden, ohne irgendeinen Fortschritt gemacht zu haben. Vielleicht war mir auch klar geworden, dass mein bisheriger »Erfolg« – nämlich der Highschool-Abschluss – nur das Ergebnis eines Systems und einer Struktur war, die für mich gearbeitet hatten – man musste es schon darauf anlegen, ihn nicht zu bekommen. Vielleicht trifft es die Sache am besten, wenn ich sage, dass ich Angst hatte, mehr mit der Langzeitstudentin neben mir gemeinsam zu haben, als ich zugeben wollte.

Noch erschrockener war ich, als mir klar wurde, dass es hier am Community College niemanden kümmerte, ob ich mich treiben ließ oder nicht. Ich konnte einzelne Sitzungen schwänzen, gar nicht mehr zum Unterricht kommen, ganz egal. Die Struktur, die mich durch die Highschool geführt hatte, war weg. Jetzt lag alles bei mir selbst. Zum zweiten Mal in nicht ganz so vielen Stunden hatte ich wirklich Angst. Aber jetzt brannte etwas in mir, das stärker als meine Angst war. Alles, was ich in meinem Kopf hörte, war das Wort LOS! Und ich legte los.

In diesem Augenblick begann die Motivation Form anzunehmen, setzte sich in mir fest und übernahm sozusagen das Ruder. Meine Motivation manifestierte sich in zwei Gedanken. Erstens: Würde Ashley einen Freund wollen, der so verloren und unmotiviert war wie ich bisher? Zweitens: Würde ich mich selbst nach sieben Jahren im ersten Semester noch ertragen können?

> *Alles, was ich in meinem Kopf hörte, war das Wort LOS! Und ich legte los.*

Von dieser Horrorvision gepackt stürmte ich ins Studentensekretariat, in dem auch die Studienberatung stattfand, trug mich dort für einen Soforttermin ein und wartete, bis ich an der Reihe war. Vermutlich war die Tinte meiner Mitschriften aus dem ersten Seminar noch nicht trocken. Ich konnte es kaum abwarten, bis ich endlich hereingerufen wurde.

Das Zimmer war ziemlich klein. Meine Panik wuchs. Ich fiel sofort mit der Tür ins Haus und erklärte, bevor ich mich auch nur hingesetzt hatte, »Ich muss hier raus, so schnell ich nur kann.«

Dann hielt ich inne, erschrocken vor meinen eigenen Worten. Die Beraterin schaute mich verblüfft an. Wenn ich heute an diesen Tag zurückdenke, denke ich, dass sie vermutlich dauernd Studenten wie mich vor sich hatte, die am ersten Unterrichtstag zu ihr gerannt kamen und so schnell wie möglich wieder weg wollten.

Eine kurze Stille folgte. Ich wusste nicht, ob die Beraterin mich jetzt hinauswerfen oder meinen Ausruf als Anfängerpanik mit einem Lachen abtun würde. Also fügte ich hinzu: »Genauer: ich muss es hinter mich bringen, und zwar schnell. Wie fange ich das an?«

Die Beraterin tat ihr Bestes, um mit mir einen Studienplan auszuarbeiten, und als ich aus ihrem Büro kam, wusste ich, dass ich jedes Semester einen vollen Stundenplan und zusätzliche Sommerkurse brauchen würde. Ich war bereit. Und jetzt, als ich wusste, was ich wissen musste, wollte ich auch keine Zeit mehr verlieren und mich womöglich in einem Jahr wieder hier einfinden, um dasselbe Gespräch noch einmal zu führen.

Es ging los!

Aktiv werden

Ich entdeckte an jenem Tag, wie mich eine Motivation zum Handeln brachte. Nachdem mich diese erste Seminarstunde so von den Socken gehauen hatte, war der Unterricht auf einmal nichts mehr, wobei man mit seinen Freunden Spaß hatte, sondern Arbeit. Er war eine Aufgabe. Ich hatte jetzt ein Ziel ... und gab mir selbst eine Deadline vor.

Ich beurteile niemanden danach, ob er studiert hat oder nicht. Aber wenn man sich für ein Studium oder allgemein für eine aufwendige Ausbildung entscheidet, dann sollte man es auch durchziehen. Wenn du zwei Jahre am Community College absitzen musst, bringe es hinter dich. Wenn du dagegen Arzt werden willst, richte dich auf sieben Jahre ein – ein Medizinstudium dauert nun mal seine Zeit. Wenn du etwas ganz anderes vorhast, zum Beispiel ein Handwerk lernen oder ein Unternehmen gründen willst, tu das. Aber was auch immer du anfängst, betrachte es als eine Aufgabe, die du abschließen musst. Behalte dein Ziel im Blick. Lass dich nicht in eine bequeme Routine fallen, bei der du lediglich Schulden anhäufst, indem du »an die Uni gehst«, anstatt zu studieren. Schließlich geht es nicht um einen Abschluss im Partymachen.

Ich musste noch viel lernen und eine Menge nachholen, was ich in der Highschool versäumt hatte, als sich mir die Gelegenheit dazu bot. Ich wusste nicht, wie man effizient lernt, sich seine Zeit einteilt und Chancen wahrnimmt oder wie ich den Übergang vom Highschool-Partymacher ins Community College bewältigen sollte ... geschweige denn in das eigentliche, darauf folgende vierjährige Universitätsstudium.

Ich brauchte mehr Hilfe, als mir die Studienberatung am College geben konnte, also suchte ich mir Mentoren und Experten, wo ich nur konnte. Ich fragte Leute um Rat, die Fachwissen und Erfahrung hatten. Ich sprach mit Tutoren, Professoren und Beratern sowohl am College als auch außerhalb. Ich nervte die Mitarbeiter der Immatrikulationsstelle an der Santa Clara University mit Erkundigungen nach den Zulassungskriterien. Ich belegte Sonderkurse am College, um mir die fehlenden Kenntnisse anzueignen. Das bedeutete, meinen Stolz hinunterzuschlucken und um Hilfe zu bitten. So fand ich heraus, wie ich mich möglichst schnell durch den Lehrplan arbeiten konnte. Ich trug mich jedes Semester in die maximal mögliche Zahl von Kursen ein, quetschte im kürzeren Wintersemester noch zusätzliche Seminare hinein und nahm auch den Sommer über Unterricht. Denn ich hatte einen Plan, und an den hielt ich mich genau.

Der größte Ansporn: Zurückweisung

Damals fing die Phase an, in der meine Motivation jede meiner Entscheidungen beeinflusste und darüber bestimmte, wie ich meine Zeit verbrachte. Wenn ich das Community College so schnell wie möglich hinter mich bringen wollte, würde ich meinen Stundenplan darauf ausrichten müssen. Ich ging also vormittags zum Unterricht, nahm mir um 14 Uhr etwas Zeit fürs Trainieren, verkaufte danach Mitgliedschaften für ein Fitnessstudio und hielt mir den Abend für Hausaufgaben, Vor- und Nachbereitung und Verabredungen mit Ashley frei. Ich war ununterbrochen beschäftigt, um das hinzubekommen. Mein Terminkalender war voll – und es war mir nur recht so.

Bei jeder Gelegenheit bewarb ich mich erneut für einen Wechsel an die Santa Clara University. Ich war absolut darauf fixiert, mehr Zeit mit Ashley verbringen zu können. Nach einem halben Jahr am West Valley College bewarb ich mich zum ersten Mal dort und wurde abgelehnt. Ein paar Monate später – wieder eine Ablehnung. Umso besser, dachte ich, jetzt bin ich nur noch entschlossener! Ich wollte diesen Wechsel so unbedingt, dass mich eine weitere Absage, nachdem ich mich hundertprozentig gewandelt hatte und um gute Noten bemühte, nur dazu brachte, noch mehr zu lernen.

Erst meine dritte – eigentlich war es sogar die vierte – Bewerbung an der Santa Clara University wurde angenommen, nachdem ich die notwendige Vorarbeit geleistet hatte, um die Schwächen meines Highschool-Abschlusses auszugleichen. Damit hatte ich mein erstes Ziel erreicht.

In den Monaten zuvor, in denen ich am West Valley College studierte, hatte ich viel gelernt, und wenn ich jetzt darauf zurückblicke, lerne ich noch immer aus meiner Zeit dort. Eine der vielen Lektionen, die ich von dort mitgenommen habe, lautet: Beurteile dich selbst ehrlich. Die Wahrheit über meine Studienzeit am Community College war nämlich, dass die sechs Monate guter Noten dort zwar ein positiver Anfang waren, aber bei Weitem nicht meine jahrelange Faulenzerei an der Highschool ausglichen. Inzwischen kann ich darüber lachen – hatte ich wirklich geglaubt, ein halbes Jahr genüge dafür?

Ich musste mir eingestehen, dass ich sozusagen einen Kredit abzubezahlen hatte. Jahre des Faulenzens hatten sich angesammelt, und ich war bildungsmäßig sozusagen in den roten Zahlen. Das konnte ich nicht einfach ungeschehen machen, und es war eine wichtige Lektion. Man muss sich ehrlich eingestehen, wie viel Arbeit man noch vor sich hat, bis man sein Ziel erreicht. Das ist

> *Man muss sich ehrlich eingestehen, wie viel Arbeit man noch vor sich hat, bis man sein Ziel erreicht.*

mitleidlose und unverblümte Ehrlichkeit, die Sorte, bei der man umso mehr Angst bekommt, je mehr man darüber nachdenkt. Aber gerade daran merkst du, dass deine Befürchtungen zutreffen. Du musst aber nicht nur ehrlich gegenüber dir selbst sein, sondern auch am Ball bleiben, um dein Ziel zu erreichen. Ein Rückschlag – etwa eine Absage auf eine Bewerbung – darf dich nicht bremsen. Du willst es unbedingt? Okay, ich hab's verstanden – aber jetzt beweise es. Du hast die Wahl, und mit jedem Beschluss den du triffst, veränderst du dein Schicksal. Jetzt hast du die Gelegenheit dazu – fang sofort an, gleich mit deiner nächsten Entscheidung.

Motive und Werte in Übereinstimmung bringen

Als ich mir meine Motivation klarmachte, wurde mir auch noch einiges andere bewusst. Diese umfassende Veränderung war kein Zufall. Ob ich es damals wusste oder nicht, meine Motivation klärte auch meine Ziele im Leben, meine Identität und das, wofür ich stand.

Wie schon gesagt ist eine der wirksamsten Trainingsmethoden im Sport, große Anstrengung in kurze Zeitspannen zu packen. Das habe ich anhand der Ergebnisse im Fitnessstudio gelernt und daraufhin in andere Lebensbereiche übertragen. Noch heute kämpfe ich bei fast jedem Work-out gegen eine Stoppuhr. Wenn du also mit mir trainieren willst ... stell dich darauf ein, im Wettlauf mit der Zeit zu stehen.

Das College ging ich jetzt genauso so an, gegen die Uhr sozusagen. Meine Noten schossen in die Höhe, als ich das Element des Wettkampfs hinzufügte. Ich stellte mir akademische Seminare

> *Ob ich es damals wusste oder nicht, meine Motivation klärte auch meine Ziele im Leben, meine Identität und das, wofür ich stand.*

als Konkurrenzkampf vor. Bald wurde die Motivation, die mich ins Büro der Studienberatung getrieben hatte, durch mein Handeln noch verstärkt. Sie nahm Form an und verwandelte sich aus purer Energie in eine klare Vision. Das Warum war wie eine Stimme, die den Mittelpunkt meiner Gedanken, Motivation und Aktivitäten bildete.

Ich brannte vor Verlangen, im Studium erfolgreich zu sein. Als meine Anstrengungen in den Seminaren sich auszuzahlen begannen, verwandelte sich mein Streben nach Studienerfolgen in den Wunsch, ein erfolgreicher Geschäftsmann zu werden. Bald wurde mir klar, dass ich mein eigener Chef sein musste, wenn ich mehr finanzielle und persönliche Freiheiten wollte. Ich war mir völlig sicher, dass ich eines Tages meine eigene Firma aufmachen würde. Ich wusste noch nicht, wann oder was es für ein Unternehmen sein würde, aber wusste, warum ich es gründen würde.

Mein Werben um Ashley wurde schließlich angenommen, auch wenn es nicht der Erfolg über Nacht war, den ich mir gewünscht hätte. Wie jedes junge Paar hatten wir gute und schlechte Zeiten, aber dass ich erfolgreich von West Valley nach Santa Clara wechselte und ihr so bewies, dass ich es wirklich ernst meinte, zahlte sich aus. Ashley und ich waren zusammen, und wir waren glücklich. Als unsere Liebe und unsere Beziehung sich festigten, wussten wir bald, dass wir ein Haus und eine Familie und unser Leben gemeinsam verbringen wollten.

Im Silicon Valley sind die Immobilienpreise ziemlich gesalzen, besonders für Erstkäufer. Ich wusste also, dass ich, damit wir heiraten und unsere gemeinsame Zukunft aufbauen konnten, auf ein hohes Einkommen hinarbeiten und einiges zusammensparen musste. Der Entschluss, meine Ziele zu erreichen, wurde nur noch stärker. Ich zapfte eine Energiequelle an, die mir genug Disziplin verlieh, um die Mühen des Alltags zu bewältigen. Schließlich waren diese notwendig, wenn ich wirklich erreichen wollte, was mir vorschwebte.

Work-out und Aufstieg

Schon mit Anfang 20 wusste ich, dass ich noch ganz am Anfang meines Weges stand. Um genügend Kraft dafür zu haben, benötigte ich ausreichend Treibstoff für eine lange Strecke – nicht nur im Moment, sondern in Übereinstimmung mit meinen Kernwerten. Dies sind die Dinge, die dich im Innersten antreiben. Für mich sind Kernwerte zwei oder drei entscheidende Eigenschaften eines Menschen, die nicht zur Debatte stehen. Mir sind Ehrlichkeit, Offenheit und eine echte Verbindung zu meiner Gemeinschaft wichtig. Meine Leidenschaft und mein Ziel mussten sich mit diesen Kernwerten verzahnen. War das so?

Es sah danach aus ... Ich wusste, dass ich erfolgreich werden und ein Haus, eine Familie und alles haben wollte, was dazugehört. Das war schon einmal klar. Genauso eindeutig war, dass ich dazu mehr Geld verdienen musste. Das Gefährliche am Geld ist aber, dass man es auf der einen Seite braucht, es einen auf der anderen Seite aber auch verderben kann. Es zu wollen, ihm zu verfallen, es zu gewinnen, es zu verlieren – all das kann dich im Bemühen, nach deiner Motivation zu leben, vom Weg abbringen.

Das ist der Grund, warum dein Motiv mehr sein muss als nur »Ich will reich werden«. Damit deine Motivation dich in die richtige Richtung führt, sollte sie beseelt und von deinen Kernwerten bestimmt sein. Wenn du die Richtung verlierst, kann es sein, dass du ins Unglück rennst.

Sport und Fitness waren schon immer eine Leidenschaft für mich, und als sich meine Lebensziele herauskristallisierten, wurde mir klar, dass mich mein Weg zu einem eigenen Fitnessstudio führen würde. Mich interessierte und faszinierte immer stärker, was Fitness für einen Menschen tun kann. Ich fand es toll, wenn jemand hereinkam und mit dem Gefühl, ein gutes Work-out geschafft zu haben, wieder ging. Es ist schön, wenn man dabei zuschauen kann, wie jemand sich Mühe gibt und etwas vollbringt, und ich wollte meinen Mitmenschen dieses Erlebnis verschaffen.

Damals arbeitete ich noch in einem konventionellen Fitness-studio und fand es immer schade, dass auf jeden Kunden, der mit einem Erfolgserlebnis nach Hause ging, fünf andere kamen, die ziemlich verloren umherwander-ten. Ich dachte darüber nach und kam zu dem Schluss, dass etwas Wichtiges fehlte, und dass dies am Studio lag. Wir erfüllten unsere Seite der Vereinbarung nicht.

> *Damit deine Motivation dich in die richtige Richtung führt, sollte sie beseelt und von deinen Kern-werten bestimmt sein.*

Ich verkaufte nur ein *Produkt* – ein langfristiges Abonnement auf Mitgliedschaftsbasis – und kein *Erlebnis*, das den Kunden etwas brachte. Die Mitgliedschaft sollte den Kunden nicht anspornen und zu Ergebnissen treiben, sondern war nur ein leeres Vehikel. Im Kleingedruckten des Vertrags, den ihm der lächelnde Mitarbeiter vorlegte, und das sowieso niemand liest, hätte auch stehen können: »Wir hoffen, Sie zahlen pünktlich und tauchen nie wieder hier auf.« Einfach ausgedrückt: Ein konventionelles Fitnessstudio erfüllt sein Versprechen gegenüber dem Kunden nicht.

Mir brachte es zwar eine nette Provision ein, dass ich diese Mitgliedschaften verkaufte, aber die meisten meiner Kunden hatten kaum etwas davon. Meist lief es so, dass ich ihnen das Angebot anpries, sie es auch kauften – und nach drei Wochen aufhörten zu trainieren. Ich war ein ganz guter Verkäufer und konnte die Kunden überreden, sofort zu unterschreiben, aber ihre Einstellung änderte sich dadurch nicht. Sie fanden nie zu einem nachhaltigen Konzept für ihr Training.

Es war damals auch nicht meine Aufgabe, ihnen das zu bieten. Mein Job war der Verkauf von Mitgliedschaften, möglichst vieler, und sonst nichts. Irgendwann hielt ich es aber nicht mehr aus. Die leeren Versprechungen, die ich verkaufte, drückten mir aufs Gewissen. Die Kunden wollten ihr Leben ändern, indem sie eine Mitgliedschaft abschlossen, aber wir boten ihnen einfach nicht die Tools dafür. Wenn sie nicht anderweitig Hilfe und Anleitung bekamen, um die Brücke zu einem gesundheits- und fitnessorientierten Lebensstil zu überqueren, kamen sie auch nicht regelmäßig ins Fitnessstudio – obwohl sie weiterhin jeden Monat ihren Beitrag zahlen mussten. Ich verkaufte also eine Vision von Fitness, die dem Kunden ein neues und besseres Leben versprach, half ihm aber nicht dabei, dieses Niveau zu erreichen. Im Grunde, so wurde mir klar, war das ein völlig unehrliches Angebot.

CrossFit

CrossFit ist eine Trainingsmethode, die Greg Glassman entwickelt hat. Sie besteht aus ständig variierten funktionellen Bewegungen, die mit hoher Intensität ausgeführt werden. Alle CrossFit-Workouts spiegeln die besten Aspekte von Gymnastik, Gewichtheben, Laufen, Rudern und anderen Sportarten wider. Das Gesamtziel von CrossFit ist eine breite, allgemeine und umfassende Fitness, die durch messbare, sichtbare und wiederholbare Leistungen gestützt wird.

Anfang der 2000er-Jahre stieß mein Kumpel Austin Begiebing im Internet auf CrossFit, nachdem ihm seine Mutter davon erzählt hatte. Austin war ein Arbeitskollege von mir in dem konventionellen Fitnessstudio; auf einmal redete er nur noch über CrossFit. Nach ein paar Wochen hatte er mich herumgekriegt, und ich fuhr mit ihm nach Union City zu einem Coach namens Freddy Camacho, einem der »OGs« von CrossFit, der mich 2007 bei meinem ersten Work-out betreute. Es war brutal.

Ich dachte eigentlich, ich sei ziemlich gut in Form. Damals verbrachte ich viel Zeit in dem konventionellen Fitnessstudio und trainierte lange und hart. Aber dieses erste CrossFit-Work-out war noch härter. Ich musste auf dem Anfänger-Level anfangen. Mittendrin sollte ich von normalen Klimmzügen auf Spring-Klimmzüge wechseln, weil ich die normalen nicht mehr alle schaffte. Selbst bei einer so einfachen Übung wie Sit-ups war ich manchen der

Männer und Frauen um mich herum klar unterlegen. Mann, CrossFit war wirklich interessant!

Austin und ich spielten mit dieser neuen Trainingsmethode ein paar Monate herum, suchten uns Work-outs auf der CrossFit-Webseite zusammen und probierten einige Studios aus, die es anboten. Nach einigen Sessions mit Austin sah ich bereits die guten Ergebnisse, die diese intensiven, funktionellen Bewegungsabläufe bringen, wenn sie in anstrengende Work-outs kombiniert werden. Es waren wirklich harte Trainingseinheiten, und ich war begeistert davon. Es dauerte nicht lange, bis ich angebissen hatte. Besonders faszinierte mich, dass man mit CrossFit mehr in kürzerer Zeit schaffte – also genau die Methode, die mich auf dem Community College gerettet hatte. Ich fand das Potenzial von CrossFit inspirierend, besonders, weil es auch ein ganz neues Geschäftsmodell ermöglichte.

Zum Konzept von CrossFit gehört nämlich auch, dass sich die Teilnehmer als Gemeinschaft betrachten. Hier unterschied es sich sehr von den üblichen Fitnessstudios, die ein System aus Käufern und Verkäufern von Mitgliedschaften sind. CrossFit bietet stattdessen ein enges Netzwerk von Menschen, die ein gemeinsames Ziel haben. Dieses wunderbare Gemeinschaftsgefühl ist, kombiniert mit dem Erlebnis, intensiv zusammenzuarbeiten, der wahre Antrieb für die tollen Ergebnisse, die CrossFit bringt.

Der gemeinschaftsorientierte Ansatz von CrossFit sorgt für eine lebendige und anregende Atmosphäre. CrossFit lässt es nicht dabei bewenden, dass jemand ein Abonnement fürs Fitnessstudio kauft, sondern bietet Betreuung in der Gruppe durch einen qualifizierten Coach. Der Anfänger wird vom ersten Tag an vom Coach und den anderen Gruppenmitgliedern unterstützt. Coaching und Anleitung gehören zur täglichen Praxis. Sowohl der Coach als auch die anderen Gruppenmitglieder wollen, dass du Erfolg hast, und legen Wert darauf, dass du regelmäßig teilnimmst. Wenn du ein paar Tage lang nicht aufkreuzt, fällt es auf, und in den meisten Cross-Fit-Studios erhältst du eine Nachfrage per Telefon, E-Mail oder

SMS. Wenn du einer CrossFit-Gruppe beitrittst, bleibst du nicht so schnell auf der Strecke, wenn du mal keine Lust hast. Die Community hilft dir, dranzubleiben.

Mit anderen Worten, CrossFit hält tatsächlich sein Wort, dein Leben zu verändern. Es wird sich in vielerlei Hinsicht verbessern und bietet dir eine Community als Unterstützung und Hilfe. Die Trainingsmethoden sind wissenschaftlich abgesichert. Ich will hier nicht wie ein Nerd auf die fachlichen Einzelheiten eingehen und sage nur, dass Fitness mit CrossFit messbare, sichtbare und wiederholbare Ergebnisse bringt. Du kannst anhand konkreter Daten sehen, wie du dich verbessert hast und um wie viel fitter du jetzt bist. Als ich das las, wusste ich, dass es das Richtige für mich war. Ich war sicher, dass der Betreiber eines CrossFit-Studios abends im Bewusstsein schlafen geht, den Menschen geholfen zu haben, gesund und fit zu werden. Diese Aussicht gefiel mir und zeigte mir, wie mein eigenes künftiges Fitnessstudio aussehen sollte.

NCFIT

Auch, als ich meine Leidenschaft für CrossFit schon entdeckt hatte, fand ich noch nicht den Mut, mich geschäftlich selbstständig zu machen. Die Saat des Gründers war gepflanzt, aber sozusagen noch nicht aufgeblüht. Ich glaubte immer noch, eine traditionelle Berufslaufbahn einschlagen zu müssen, und der Gedanke, dass ich umso schneller an mein Ziel kommen würde, je mehr Geld ich verdiente, war verführerisch. Ich verkaufte also noch eine Zeit lang weiter Fitnessstudio-Mitgliedschaften, sah mich aber schon nach anderen, besser bezahlten Stellen um. Ich stand also mit einem Fuß schon in der Zukunft, die ich wollte, war aber zu ängstlich, um den entscheidenden Schritt zu wagen. Eine gefährliche Situation.

Schließlich suchte ich mir einen Arbeitsplatz in der Finanzbranche. Warum? Weil es ein sicherer Job war, und außerdem aufgrund der Gleichung »Finanzbranche = Geld«. Logisch, oder? Ich wusste damals noch nicht, dass dieser Weg sich mit meinen Kernwerten schlecht vertrug und mich außerdem von meiner Motivation entfremden würde. Das ist der Fluch des Geldes, und er kann einen völlig in seinen Bann ziehen.

Anfang 2008 stand ich kurz vor dem Studienabschluss an der Santa Clara University und hatte bereits Bewerbungsgespräche bei Investmentfirmen. Die ersten Gespräche mit Portfolio-Managern und Bankern weckten schon den Verdacht in mir, dass dies nicht das Richtige für mich war, aber die Aussicht auf finanziellen Erfolg lockte mich. Diese Leute trugen Maßanzüge und goldene Armbanduhren und hatten immer zu tun ... viel zu tun. Geld hatten sie auf jeden Fall, und das zeigten sie auch. Aber im Grunde waren sie nicht wie ich und ich nicht wie sie. Wir waren sogar völlig verschieden. Ich fühlte mich aber immer noch verpflichtet, zu tun, was von mir erwartet wurde. Schließlich hatten meine Eltern viel in meine Ausbildung investiert, und ich wusste, dass sie sich wünschten, ich würde einen traditionellen Arbeitsplatz mit Gehalt, Sozialleistungen und so weiter finden.

Trotz meiner schlechten Vorahnungen zog ich einen wichtigen Bewerbungstermin bei einem ortsansässigen Finanzdienstleister an Land – für genau die Art Job, die sich meine Eltern vorstellten. Ich bereitete mich auch gut vor, informierte mich über das Unternehmen und übte Antworten auf mögliche Fragen des Personalers. Neben meiner mentalen Vorbereitung, bügelte ich auch meinen einzigen Anzug sorgfältig. Der war allerdings kein wirklicher Anzug, sondern nur ein schwarzes Sakko mit schwarzen Bundfaltenhosen. Beides passte nur zusammen, wenn man nicht so genau hinsah. Dazu trug ich ein Hemd mit Kragen, glänzend polierte Halbschuhe und eine Krawatte, die mir mein Vater lieh. Er knotete sie mir sogar. Ich hielt mich für gut angezogen.

Ich war damals überpünktlich und erschien ein bisschen zu früh. Die Rezeptionistin bat mich, noch ein wenig im Wartebereich Platz zu nehmen und schon mal ein Formular auszufüllen. *Okay, das ist das Übliche*, dachte ich, bis ich sah, dass ich die Namen und Telefonnummern von Bekannten aufschreiben sollte, die gute Kunden für die Firma abgäben: ihr geschätztes Einkommen, wie sie tagsüber zu erreichen waren, ihr Verhältnis zu mir ... Sie wollten diese Kontakte von mir bekommen. Mir sank das Herz ein wenig, und ich fühlte mich unwohl, als ich das Formular ausfüllte. Kurz darauf wurde ich in ein sehr ordentliches, aber auch sehr unpersönliches Büro gebeten. Es war stickig, an den Wänden hingen belanglose Landschaftsgemälde. Es sah genauso aus wie das Büro daneben und alle anderen auf demselben Flur. Nach Schablone gemacht. Weißt du, was ich meine?

Ich begrüßte die Dame hinter dem Schreibtisch mit einem Lächeln. Sie bat mich, Platz zu nehmen. Ich beantwortete ihre Fragen eifrig und engagiert, und das Gespräch verlief gut. Am Ende meinte sie, ich komme definitiv für die Stelle infrage, und wir besprachen bereits den nächsten Termin bei ihrem Vorgesetzten. Das beeindruckte mich. Vielleicht war das hier doch nicht so schlecht.

Ich stand auf, dankte ihr und sammelte meine Sachen ein.

»Ach, übrigens«, sagte sie noch, als ich schon in der Tür war, »beim nächsten Gespräch sollten Sie auf einen besseren ... Anzug achten.«

Einen besseren Anzug? Wie bitte? Ton und Inhalt trafen mich unvorbereitet. Ich höre immer noch die Wichtigtuerei in ihrer Stimme.

Das mulmige Gefühl, das mich beim Ausfüllen der Liste beschlichen hatte, mit der ich die Namen von Bekannten preisgeben sollte, kehrte mit Macht zurück. Bis ich meinen Parkplatz erreicht hatte, war ich regelrecht wütend. In der Welt der Personalerin war mein Anzug nicht gut genug und fast schon asozial. Jedenfalls wirkte ich in den Augen der Dame billig und unprofessionell. Nein, es war kein Anzug vom Schneider, stimmt, aber er war sauber und sorgfältig gebügelt. Meine Schuhe waren nicht von Armani, aber frisch poliert. Ich war schließlich ein Zweiundzwanzigjähriger, der gerade

> *»Ach, übrigens beim nächsten Gespräch sollten Sie auf einen besseren Anzug achten.«*

vier Jahre harter Arbeit am College hinter sich hatte und sich bemühte, möglichst gut angezogen zu wirken. Ich war sogar stolz darauf gewesen, wie ich aussah, aber die Personalerin hatte diese Illusi-
on mit ein paar hingeworfenen Worten gnadenlos platzen lassen.

Was dann die Entscheidung brachte, war, dass ich trotz aller
sorgfältigen Vorbereitung gerade nicht nach meinem Charakter,
sondern danach beurteilt worden war, wie teuer mein Anzug war –
oder wie teuer er wirkte. Meine Gesprächspartnerin hatte mir gezeigt, dass die Firma meinen Wert als Mensch danach beurteilte,
wie reich – oder, in diesem Fall, wie arm – ich aussah.

Das brachte mich zur Vernunft, und die Reichtümer, die ich
winken sah, wenn ich einen Job in der Finanzbranche antrat, waren nicht mehr wichtig. Erstens – wollte ich wirklich den Rest meines Lebens in Anzug und Krawatte arbeiten? War das mein Traum?
Ich hatte mir ja Mühe gegeben – und hatte zu hören bekommen,
beim nächsten Mal bitte besser angezogen und gepflegter zu er-
scheinen. *Welches nächste Mal?*, dachte ich grimmig.

Ich verließ das Büro und nahm die Treppen bis zum dritten
Stock des Parkhauses. Meine zukünftige Karriere fühlte sich an wie
ein Großbrand; Alarmsirenen heulten in meinen Kopf. Ich musste
mich entscheiden. Die Stelle war eine gute Gelegenheit für jemanden, der frisch vom College kam, und es war eine kluge, vernünftige
Wahl, sie anzunehmen. Konnte ich es mir leisten, sie abzulehnen?

Es war das, was von mir erwartet wurde, und es war ein sicherer
Arbeitsplatz, klar. Aber war es das Richtige für mich?

Mein Herz sagte Nein, definitiv nicht. Es war ein lautes und
deutliches Nein. Der Job war hundertprozentig nicht das Richtige
für mich. Erstens, wenn schon mein bester Anzug nicht gut genug
für die Herrschaften war, was wollte ich dann noch hier? Zweitens
fühlte ich mich in diesen Sachen einfach unwohl. Mein idealer
Kleidungsstil definiert sich als »Klamotten, in denen ich mich frei
bewegen kann«. Ein Anzug ist für mich eine Zwangsjacke. Aber das
eigentliche Problem lag tiefer. Ich wollte mich selbstständig machen, und zwar in einer Branche, die mir etwas bedeutete – Fitness.

Ich wollte mein eigener Chef sein und mich in meiner Haut wohlfühlen. Ich wollte in einer Branche arbeiten, in der ich nicht nach dem Preis meines Anzugs beurteilt wurde, sondern nach meiner Ethik und meinen Leistungen.

Mein zukünftiger Weg stand mir auf einmal klar vor Augen. Ungewissheit und Risiken des Lebens als Unternehmensgründer zogen mich nicht deshalb an, weil ich besonders tollkühn gewesen wäre, sondern weil ich dabei meine Fähigkeiten beweisen und erweitern musste. Vielleicht spürte ich, dass dies der Moment der Entscheidung war. Ich wusste jedenfalls, wenn ich diesen Investmentjob annahm, würde ich mir womöglich in zehn Jahren wünschen, ich hätte die Chance ergriffen, etwas Größeres mit meinem Leben anzufangen. Ich wollte nicht als der Typ enden, der hinter dem Schreibtisch saß und einen Bewerber, der frisch vom College kam, ermahnte, beim nächsten Termin bitte auf gebügelte Jackettaufschläge zu achten. So wollte und konnte ich nicht werden, und mir selbst treu zu bleiben war einfach wichtiger als der gute Job.

Die Entscheidung war gefallen.

Ich werde nie vergessen, wie ich auf dem Weg zum Auto meinen Vater anrief. Ich war mir noch nie im Leben so sicher gewesen wie damals, als ich das Mobiltelefon herausholte und wählte. Ich wusste, dass ich meinem Herzen folgen musste – meiner Motivation – und mein eigenes Unternehmen gründen würde.

Zu Hause klingelte jetzt das Telefon. Ich war nervös, das kannst du dir vorstellen, aber nicht wegen meiner Entscheidung. Die war klar. Aber wie würden meine Eltern reagieren? Endlich hob mein Vater ab: »Jason, wie ist das Bewerbungsgespräch gelaufen?«

»Hi, Dad. Ich muss dir was sagen ... Ich will jeden Tag Shorts und ein T-Shirt zur Arbeit tragen können. Ich möchte den Leuten helfen, ihr Leben zu ändern. Ich will meinen Erfolg sehen können, wenn ich hart arbeite. Ich will mein eigenes Fitnessstudio.«

Es dauerte nur zwei oder drei Sekunden, bis er antwortete.

»Okay, dann machen wir das«, sagte er.

Von der Motivation zum Handeln

Im Juni 2008 machte ich meinen Abschluss an der Santa Clara University. Im Monat darauf siegte ich bei den CrossFit Games und eröffnete mein eigenes Studio NorCalCrossFit, das spätere NCFIT. Beides war nicht einfach, weil ich noch viel zu lernen hatte.

Meine Eltern haben mich schon immer sehr geduldig unterstützt, aber nie standen sie mehr hinter mir als bei der Gründung meines Unternehmens. Ich hatte zwar immer gewusst, dass sie für mich da waren, aber diesmal setzten sie sich wirklich mit aller Kraft für mich ein ... auch wenn sie ihre Zweifel haben mochten, ob ich nicht zu viel wagte.

Zuerst glaubten meine Eltern auch wirklich nicht vorbehaltlos daran, dass ich als Unternehmer Erfolg haben würde, aber sie wollten mir helfen, das zu erreichen, was für mich das Beste war. Nach einigen Gesprächen, die dem entscheidenden Anruf folgten, kamen wir zu einer Übereinkunft. Ich war mir völlig sicher, dass ich die richtige Entscheidung traf, und das überzeugte sie. Mein eigenes Unternehmen zu gründen passte genau zu meiner Motivation und meinen Kernwerten. Ich wusste, dass ich auf die Unterstützung von Freunden und Familie zählen konnte, auch wenn sie mein Vorhaben vielleicht für zu riskant hielten. Mir wurde klar, dass ich einfach nicht scheitern durfte. Wenn ich meiner Motivation treu bleiben, meine Kernwerte behalten, ein gemeinsames Leben mit Ashley aufbauen, meine Eltern stolz auf mich machen und mir selbst beweisen wollte, dass ich es schaffen konnte, dann gab es nur ein akzeptables Ergebnis: zu gewinnen.

Ich habe es bereits gesagt und wiederhole es hier, dass deine Motive und deine Kernwerte miteinander übereinstimmen müssen. Wenn nicht, hast du einen tödlichen Fehler in der Matrix. Dein Warum und deine Kernwerte sollten einander harmonisch und nahtlos unterstützen. Bei mir stimmten Ehrlichkeit, Gemeinschaftsbewusstsein und Selbstverwirklichung als Kernwerte völlig mit meiner Motivation überein. Fitnessstudio-Verträge abzuschließen, die leere Versprechungen darstellten, oder als Finanzanalyst zum Bürohengst zu werden, verursachte dagegen einen direkten und schweren Konflikt. Das war nicht ich. Haben mir diese Erfahrungen vielleicht dabei geholfen, meine Motive deutlich zu erkennen? Vielleicht schon, aber ich wäre sehr lange sehr unglücklich gewesen, wenn ich dabeigeblieben wäre. Diese Art Stress war nichts für mich. Ich musste mir selbst treu bleiben.

Also gründete ich mein eigenes Unternehmen. Es war Zeit, loszulegen.

Ehrlich gesagt wusste ich gar nicht, worauf ich mich einließ. Ein paar Voraussetzungen besaß ich bereits: Ich war begeistert vom Trainieren. Ich wollte hart arbeiten. Ich wollte anderen helfen, ihre Ziele zu erreichen. Aber diese Voraussetzungen, derer ich mir sicher war, in konkrete Handlungen umzumünzen, die mir zu einem eigenen Fitnessstudio verhalfen, war nicht einfach. Die Grundlagen aber hatte ich, und jetzt wollte ich einfach schauen, was passierte.

Der erste Schritt zum eigenen Fitnessstudio war, die passenden Räumlichkeiten zu finden. Nach einigem Suchen fand ich eine etwa 110 Quadratmeter große Lagerhalle in einem kleinen Gewerbepark in Santa Clara. Nicht perfekt, aber brauchbar. Jetzt musste ich nur noch den Vermieter überzeugen, seine Halle an einen Zweiundzwanzigjährigen in Shorts und T-Shirt zu vermieten, der noch nie zuvor einen Mietvertrag abgeschlossen hatte ...

Das dauerte eine Weile. Ich war voller Schwung und glaubte an meinen Erfolg, aber Sicherheiten hatte ich keine, und die wollte der Eigentümer sehen, bevor er an mich vermietete. Nach wochenlangem Hin und Her ließ er sich aber wohl von meiner Leidenschaft für das Vorhaben überzeugen und überließ mir das Gebäude. Ich glaube wirklich, er hat mein Engagement gesehen und ist das Risiko bewusst eingegangen.

Zwar hatte ich jahrelang hart gearbeitet, um Geld zu verdienen, aber jetzt musste ich trotzdem meine Eltern anpumpen, um das Studio eröffnen zu können. Ich war nämlich praktisch pleite ...

dazu komme ich gleich. Aber meine Eltern standen zu mir und ließen mich eine Erstausstattung an Maschinen für 5000 Dollar auf ihre Kreditkarte kaufen. Es war nicht schön, sie um diesen Kredit bitten zu müssen, aber dadurch konnte ich anfangen, Kurse anzubieten, sowie ich den Schlüssel der Halle bekam.

Fehlinvestitionen

Es ist nicht leicht für mich, zu erzählen, warum ich eigentlich Geld von meinen Eltern borgen musste. Es lag an ein paar Fehlinvestitionen, die mich fast ohne Geld auf dem Konto zurückließen. Ich schildere sie aber trotzdem, weil es zwar teure Lektionen waren, aber sie haben mir später sehr genützt und tun es noch heute.

Die erste bekam ich schon ganz zu Anfang meiner Teenagerjahre. Als Vierzehnjähriger hatte ich eine Teilzeitstelle in einem Gemeindezentrum. Mit dem Geld, das ich davon sparen konnte, tätigte ich mit ganzen 16 Jahren meine erste Investition am Finanzmarkt. Und ich hielt mich für einen gewieften Investor ... während ich als Rezeptionist im Gesundheitszentrum arbeitete.

Ich kaufte für 5000 Dollar Anteile an einem Unternehmen, das ich für einen Senkrechtstarter hielt. Es bot ein revolutionäres Produkt an, das *The Batter Blaster* hieß. Andere Investoren hatten mich überzeugt, das sei ein todsicherer Tipp. Also schlug ich zu und setzte 5000 Dollar auf *The Batter Blaster*. Viel Geld für einen Jugendlichen, aber daran siehst du, wie sicher ich war, dass sich das Risiko auszahlen würde.

The Batter Blaster war eine fertig angerührte Pfannkuchenteigmischung in der Sprühdose, ähnlich wie Sprühschlagsahne. Du wachst am Morgen auf, brauchst nur noch den Teig in die Pfanne zu sprühen und ihn aufzubacken – kein umständliches Abwiegen und Zusammenrühren der Zutaten mehr! Die Mischung war nicht nur bequem, sondern auch noch aus organischem Anbau. Dem Unternehmen schien eine strahlende Zukunft gewiss, das

Produkt wurde immerhin schon bei Costco verkauft, und die Aktie würde in die Höhe schießen.

Wie sich herausstellte, tat sie das eher nicht. Durch eine Verkettung unglücklicher Umstände, die ich nicht kontrollieren konnte, verlor ich meine gesamten 5000 Dollar, als das Unternehmen im Jahr darauf bankrottging. Aus dieser Erfahrung habe ich viel gelernt. Erstens sollte man sich, wenn man investiert – ob nun Geld, Zeit oder Kraft –, nicht durch eine glanzvolle äußere Aufmachung von bröckeligen Fundamenten ablenken lassen.

Wichtiger aber, und das war die erste Lektion, die mir das Leben für den zweiten Grundbaustein des AMRAP-Prinzips erteilte, war der Grundsatz, dass man sich darauf konzentrieren soll, was man unter Kontrolle hat. Leider lernte ich diese Lektion erst Jahre später wirklich, und das bringt mich zu meinem ersten Versuch auf dem Immobilienmarkt.

Da war ich 19 Jahre alt und hatte mich finanziell vom Pfannkuchendesaster erholt. Ich war bereit für einen zweiten Versuch als Investor. Dieses Mal würde ich es mit Grundstücken versuchen, einer viel zuverlässigeren Anlageform, sagte ich mir. Schließlich kann Grund und Boden nie seinen Wert verlieren, oder? Dieses Geschäft bescherte mir und ein paar Freunden das Anrecht auf ein begehrtes Stück Land – in einer abgelegenen Gegend oben in Idaho. (Wenn ich das jetzt so hinschreibe, klingt es doch ein bisschen peinlich.) Für relativ wenig Einsatz winkten hier potenziell enorme Gewinne. Dieses Mal konnte ich mich mit 10 000 Dollar beteiligen. Es war reine Bodenspekulation – ich wollte mit dem Land nichts anfangen, sondern es möglichst schnell mit hohem Gewinn weiterverkaufen. So war es jedenfalls gedacht. Auch aus diesem Projekt wurde nichts, und ich verlor meine 10 000 Dollar – bis zum letzten Cent.

Ich arbeitete damals hart, verkaufte meine Fitnessstudio-Abonnements und verdiente nicht schlecht. Als ich hörte, das Geld sei verloren, wurde mir so schlecht, dass ich mich hinsetzen musste. Dieser Verlust tat wirklich weh. Wie konnte ich erneut so hereinfallen? Und dieses Mal gleich 10 000 Dollar! Wenn ich heute auf meine Vergangenheit als Möchtegern-Bodenspekulant zurückblicke, sehe ich, dass mein Scheitern vorprogrammiert war. Ich hatte keine Ahnung vom Grundstücksmarkt, vor allem nicht von dem in Idaho.

Das Angebot war zu gut gewesen, um wahr zu sein. Inzwischen habe ich gelernt, dass sowohl im Geschäft wie auch im Leben eine Gelegenheit, die zu gut aussieht, um wahr zu sein, es wahrscheinlich auch nicht ist. Ich hätte genauso gut in Grundstücke eines Neubaugebiets auf dem Mars investieren oder dem Typen an der Ecke, der gefälschte Rolex-Uhren verhökert, die Besitzurkunde für die Brooklyn Bridge abkaufen können.

> *Inzwischen habe ich gelernt, dass sowohl im Geschäft wie auch im Leben eine Gelegenheit, die zu gut aussieht, um wahr zu sein, es wahrscheinlich auch nicht ist.*

Diese beiden Erfahrungen sind immerhin gute Beispiele dafür, dass man immer darauf achten soll, was man beeinflussen kann und was nicht. Die Entscheidungen des Vorstands von *The Batter Blaster* und den Wert eines Grundstücks in 3000 Kilometer Entfernung hatte ich definitiv nicht unter Kontrolle. Ich hätte mir sofort klarmachen und erkennen müssen, dass mein Geld in den Händen Unbekannter, die weit weg damit anstellten, was sie wollten, einfach verloren war.

Diese Spekulationen waren an sich schon unüberlegt und noch dümmer, wenn man bedenkt, dass ich ja keine Reserven hatte. Ich hätte in etwas investieren müssen, das ich besser kontrollieren konnte und mich mit der Leitung der Unternehmen vertraut machen sollen, in die ich mein Geld steckte, anstatt mich blind für eine revolutionäre Technik des Pfannkuchenbackens zu begeistern.

Für meinen dritten und letzten Versuch, zu Geld zu kommen, wählte ich daher den umgekehrten Ansatz. Als Mitgründer statt als Investor würde ich so viel Kontrolle wie nur möglich ausüben und nur mit Gründern zu tun haben, die ich kannte und verstand. In diesem Fall waren es meine Freunde. Leider steuerte ich diesen Gegenkurs allzu heftig ...

Diese dritte Lektion erhielt ich, als ich schon auf dem College war. Anstatt in die Idee eines Fremden zu investieren, finanzierten meine Freunde und ich unsere eigene: das nächste angesagte Klamottenlabel. Wir nannten es *Faded Lifestyles*. Unsere Zielgruppe waren modebewusste Klubgänger im Collegestudenten-Segment.

Nach einem langen Tag mit Seminaren, Training und dem Verkauf der Fitnessstudio-Mitgliedschaften widmete ich jetzt meine Abende unserem neuen Unternehmen. Ich setzte mich mit meinen Freunden bis tief in die Nacht zusammen. Wir arbeiteten das Unternehmenskonzept aus und hatten viel Spaß dabei. Damals hatte ich auch die ersten Ideen für das spätere AMRAP-Prinzip.

Wir trafen uns im Firmensitz – den wir »den Schuppen« nannten –, einer kleinen Wohnung, in der ein paar meiner Freunde wohnten, und trafen Geschäftsentscheidungen. Wir bauten das Unternehmen ganz neu auf, ohne die geringste Ahnung zu haben, wie man das macht. Wir lernten, wie man sich bei der Stadt für eine Gewerbelizenz anmeldet. Es war ein großer Tag, als wir uns ins Handelsgerichtsregister des Santa Clara County eintrugen. Als Eigentümer firmierten wir alle vier. Ich weiß noch, dass ich sehr klein schreiben musste, damit meine Unterschrift noch in das vorgesehene Feld passte.

Ein Unternehmen mit vier jugendlichen Besitzern zu führen lief nicht ohne Probleme, aber wir arbeiteten generell sehr gut zusammen und sind sogar heute noch alle miteinander befreundet. Bei *Faded Lifestyles* lernten wir, wie man Kleidung beim Produzenten in Auftrag gibt, sie in die Läden bringt und sich in der Szene bekannt macht. Wir entwarfen einen Plan für die Promotion und setzten ihn um. Dazu gehörte auch, dass wir in den angesagten Nachtklubs der Gegend unsere Produkte vorstellten. Das war wahrscheinlich der Höhepunkt für uns als Eigentümerteam. Wir waren noch nicht einmal 21 und durften damit eigentlich nicht in die Klubs, aber mein Cousin, der zufällig Klubpromoter war, reservierte uns einen Tisch, brachte uns auf die Bühne und ließ uns *Faded-Lifestyles*-Shirts in die Menge der Gäste werfen. Es war fantastisch. Ich war jung, begeistert und brannte darauf, Klamotten zu verkaufen.

5000 Dollar scheinen meine bevorzugte Summe für Investitionen zu sein; so viel brachte ich jedenfalls ins Firmenkapital ein. Wir blieben zwei Jahre dran. Aber die Investitionen blieben bald ganz aus, und wir mussten immer mehr eigenes Geld zusetzen, um den Laden am Laufen zu halten. Wir hofften darauf, dass irgendwann der Engpass überwunden wäre, aber es sollte nicht sein. *Faded Lifestyles* schaffte es nicht und wurde zu meiner dritten großen Fehlinvestition. Wir hatten uns viel zu viel vorgenommen. Denn wir hatten keine Ahnung, wie man eine Bekleidungsmarke aufzieht, auch wenn wir wirklich dahinterstanden. Und schließlich mussten wir uns ja auch um unser Studium kümmern!

Aber auch aus dem *Faded-Lifestyles*-Abenteuer habe ich einiges gelernt. Ich hatte zwar darauf geachtet, den Fokus auf das zu richten, was ich kontrollieren konnte, verstand das Prinzip aber noch nicht richtig. Man kann zwar durchaus in einer Branche, die man nicht kennt, ein Unternehmen starten, aber dann muss man sich eben hinsetzen und diese Branche kennenlernen, um dort zu bestehen.

Verantwortungsbewusstes Handeln als Unternehmer bedeutet, wenn man es aus der Sicht des AMRAP-Prinzips betrachtet, dass man dafür sorgt, von der betreffenden Branche so viel zu lernen, dass man Erfolg hat, und sich darauf zu konzentrieren, worauf es in dieser Branche ankommt. Investiere in das, was du kennst, und konzentriere dich darauf, was du kontrollieren kannst. Was aber kannst du kontrollieren? Deinen Fleiß, deine Einstellung, deine Zeiteinteilung, dein finanzielles Engagement. Du kontrollierst auch, mit wem du zusammenarbeitest und wen du dein Produkt verkaufen lässt. Du kontrollierst, wie gut du dich vorbereitest. Am wichtigsten ist aber, dass du dein eigenes Handeln und deine Reaktionen unter Kontrolle hast.

Ich bilde mich bis heute ständig in der Fitnessbranche weiter. Außerdem habe ich mir viel Mühe gegeben, zum Experten in pädiatrischer Krebstherapie zu werden. Ich besuche so oft wie möglich Seminare über neue Behandlungsmethoden und Durchbrüche in der Krebsbekämpfung. Darüber Bescheid zu wissen, ist für mich und meine Familie eine absolute Priorität, denn ich will für meine Entscheidungen eine möglichst gute Wissensgrundlage.

Faded Lifestyles hat mir das Prinzip des verdienten Selbstvertrauens beigebracht. Das ist mir noch heute sehr nützlich. Wenn du ein wichtiges Projekt anfängst, für das dir Erfahrung und Wissen fehlen, ist Vorbereitung die einzige Lösung. Du musst dich so gut wie möglich vorbereiten, und dazu gehört, die richtigen Fachleute und Mentoren zu finden, die du um Rat fragen kannst. Dieses Wissen schützt dich vor fatalen Fehlern, wie wir sie bei *Faded Lifestyles* machten. Man kann noch so viel Leidenschaft für die Sache haben – wenn man sie nicht zielgerichtet und produktiv anwendet, nutzt sie einem gar nichts. Deshalb kam *Faded Lifestyles* nie richtig in Gang. Leidenschaft, die nicht umgesetzt wird, ist einfach nur Wunschdenken.

Wer verliert, lernt dazu

Alle diese Lektionen gehörten jetzt zu meinem Rüstzeug, das mich in der Fitnessbranche zum Erfolg führen sollte. Als ich mein erstes eigenes Fitnessstudio eröffnete, konnte ich zum Glück auf das Vertrauen bauen, das ich mir in den Jahren in einem Fitnessstudio verdient hatte. Ich hatte mit Hunderten Kunden zu tun gehabt, die dort trainierten, und großartige Mentoren, die mir das Geschäft von Grund auf beibrachten. Dieses verdiente Selbstvertrauen aus hart erarbeiteter Vorbereitung ... ich hatte alles gelernt, was es über CrossFit und den erfolgreichen Betrieb eines Studios zu erfahren gab. Diese Ausbildung und die harten Schläge, die ich bei meinen anderen Experimenten als Investor und Gründer davongetragen hatte, waren jetzt sehr wertvoll für mich. Sie waren wertvoll vom

Tag meines ersten Kurses an und sind es bis heute geblieben, da NCFIT zu einem Weltunternehmen geworden ist.

Die meisten Menschen erkennen den Unterschied zwischen verdientem und gespieltem Selbstvertrauen. Mein erster Vermieter konnte es jedenfalls. Er wusste, dass Selbstvertrauen und Leidenschaft des ärmlichen Zweiundzwanzigjährigen, der da vor ihm stand, echt waren, musste sich aber trotzdem absichern. Er bot mir einen Halbjahresvertrag an. Sechs Monate sind kaum genug, um bei den Kunden die ersten Ergebnisse sichtbar werden zu lassen, aber ich dachte mir, dass ich bis dahin sowieso entweder pleite wäre oder aber in eine größere Halle umziehen würde. Ich nahm den Stift und unterschrieb hastig den Vertrag. An jenem Tag, an jenem Ort, auf der Motorhaube des weißen Pick-ups meines Vermieters, wurde NorCal CrossFit geboren.

Jetzt lief der Countdown. Ich wusste, dass ich in wenigen Wochen die nächste Miete zahlen musste. Ich ging ohne Zögern an die Arbeit. Eine frühe Version des AMRAP-Prinzips übernahm das Kommando und sagte mir, »Und jetzt *los*, Jason!« Meine Motivation war die Energiequelle für diesen kompromisslosen Einsatz, und ich stürzte mich hinein.

Zuerst einmal brauchte die alte Lagerhalle ein bisschen Liebe. Sie bestand eigentlich nur aus vier Wänden und etwas Staub. Ich trieb ein paar Jungs aus der Gegend auf, die sie umsonst verschönern wollten. Vielleicht waren es Gangster, vielleicht auch nicht – das kann ich wirklich nicht sagen –, jedenfalls verzierten sie die Wände kostenlos mit Graffiti. Billiger als ein Anstreicher, sagte ich mir. Meine Verwandten und Freunde halfen mir beim Saubermachen der Halle und dem Aufbau der Geräte. Als die Farbe trocken und alle Staubwölfe weggefegt waren, ließ ich mein Verkaufsgenie auf die Welt los. Ich erzählte jedem, der mir zuhörte, von meinem neuen Fitnessstudio und versuchte ihn zum Beitritt zu überreden. Wenn du je bei Starbucks, Subway oder Whole Foods hinter mir in der Schlange gewartet hast ... dann kennst du meinen Reklamevortrag wahrscheinlich.

In jenen ersten Wochen, nachdem ich den Mietvertrag unterschrieben hatte, konzentrierte ich mich fast ausschließlich aufs Verkaufen. Aber nach der Eröffnung bemühte ich mich stattdessen, für meine neuen Kunden der bestmögliche Coach zu sein und für sie die bestmögliche Community aufzubauen. Ich war wie besessen. Wenn ich gerade keine Kurse abhielt, besprach ich mich mit den Kunden. Wenn ich nicht mit den Kunden sprach, arbeitete ich an der Verbesserung des Studios. Ununterbrochen, Tag für Tag.

Jede Sekunde war wertvoll. Alles, was ich tat, war wichtig. Meine Motivation war unglaublich stark, und ich gab alles. Ich brauchte keine Lifehacks. Ich glaube, die waren damals noch gar nicht erfunden. Ich arbeitete ganz einfach hart und konzentriert. Ich wusste, was ich zu tun hatte, und erledigte es.

So schnell, wie meine anderen Geschäfte gescheitert waren, hatte mein Fitnessstudio Erfolg. Ich hatte ganz offensichtlich die richtige Wahl getroffen. Nach wenigen Monaten lief der Laden so gut, dass wir in eine größere, besser gelegene Halle umziehen konnten. Wichtig an der Anfangszeit von NorCal CrossFit war die Grundlage, die ich damals legte, und die sich zehn Jahre später auszahlen sollte, als NCFIT weltweit expandierte.

> *Jede Sekunde war wertvoll.*
> *Alles, was ich tat, war wichtig.*

»Arbeite so viel, dass du einfach nicht scheitern kannst«, hatten meine Mentoren geraten, und genau das wollte ich. Ich beherzige dieses Mantra heute noch.

Nutze jede Sekunde

Gleichzeitig legte ich außerdem die Grundlage für eine Karriere im Profisport bei den CrossFit Games. Diese Spiele haben sich ziemlich verändert, seit ich 2008 zum ersten Mal teilnahm und im selben Jahr zum CrossFit-Games-Sieger mit dem Titel *World's Fittest Man* gekürt wurde. Die Spiele von 2008 dauerten zwei Tage und fanden auf einer Ranch in Kalifornien statt. Am Veranstaltungswochenende wurden die 300 Teilnehmer in Gruppen eingeteilt und maßen sich in vier sehr unterschiedlichen, sehr anstrengenden Events. Ich war dann auch in den folgenden sieben Jahren dabei, und jedes Jahr wurden die Spiele größer und prächtiger. Während meiner aktiven Zeit zogen die CrossFit Games von der Ranch auf ein ausgedehntes Sportgelände im kalifornischen Carson um, das heutige StubHub Center. Die Teilnehmerzahl der offenen Qualifikationsrunde (CrossFit open) stieg von einigen Hundert auf mehrere Hunderttausend, die im Lauf mehrmonatiger Ausscheidungsrunden auf eine Elite von 40 Männern und 40 Frauen schrumpft.

Bei den CrossFit Games müssen die Teilnehmer viel Zeit an einem Ort verbringen, der liebevoll *pain cave*, »Höhle der Schmerzen«, genannt wird. Es handelt sich um einen dreistufigen Wettkampf, der ein halbes Jahr dauert, ohne Saisonpause – wenn du gewinnen willst, trainierst du die ganze Zeit über. Selbst wenn du ein sportliches Naturtalent bist, musst du dafür lange, leidvolle tägliche Work-outs auf dich nehmen, die deine Stärken, deine Schwächen und alles dazwischen auf den Prüfstand stellen. Für mich hieß das, jeden Tag vor sechs Uhr aufzustehen, ein gnadenloses Training in meinem Fitnessraum in der Garage hinzulegen und mich dann bei NorCal CrossFit durch die härtesten Work-outs zu zwingen, die ich mir zumuten konnte. Die ganze Zeit über half mir das AMRAP-Prinzip so viel Kraft und Leistung wie möglich aus meinem Körper herauszuholen.

Zufällig lautete das Motto der CrossFit Games 2008, aus denen ich als Sieger hervorging, *Every Second Counts* – jede Sekunde zählt. In meinem Fitnessstudio war dieses Motto an die Wand gesprüht. Als ich es anbringen ließ, sollte es nur eine coole Deko sein. Ich konnte ja nicht ahnen, dass der Spruch ein wichtiger Baustein meiner Denkweise werden würde.

Es zählte wirklich jede Sekunde, als ich in diesen Tagen und Wochen meine ersten Kunden anwarb und zu trainieren begann. Jede Sekunde zählte, als ich sogar im Studio schlief, damit ich Tag und Nacht mit neuen Kunden arbeiten konnte. Jede Sekunde zählte, als ich gleichzeitig Besitzer, Coach, Vertreter, Buchhalter und Promoter war. Jede Sekunde zählte, die ich mit Ashley zusammen sein konnte. Als ich am Ende meiner Laufbahn als Leistungssportler sieben Jahre später

> *Every Second Counts – jede Sekunde zählt.*

meine Sneakers an den Haken hängte, hatte ich den Weltmeistertitel von 2008 und den Titel als zweit- beziehungsweise drittfittester Mann der Welt 2013 und 2014 vorzuweisen. Ich gab wirklich jede Sekunde mein Bestes.

Es ist interessant, wenn man später auf Entscheidungen zurückblickt, die man getroffen hat. Dieses eine Bewerbungsgespräch war für mich der sprichwörtliche Scheideweg. Wenn ich nun zum zweiten Termin gekommen wäre, anstatt meinen Vater anzurufen? Hätten sie mir eine Stelle angeboten? Hätte ich sie genommen? Vielleicht wäre mir diese Tätigkeit doch zu sehr gegen meine Motivation gegangen, und ich hätte gekündigt, um doch noch mein Fitnessstudio zu eröffnen. Vielleicht aber auch nicht. Vielleicht säße ich heute immer noch hinter einem Schreibtisch, würde Finanzprodukte bewerten und als Gegenleistung nichts weiter als Dollarscheine bekommen. In der Wirklichkeit aber wurde die Ermahnung, beim nächsten Mal einen besseren Anzug anzuziehen, für mich zum Auslöser einer alles infrage stellenden Erkenntnis, die mich dazu trieb, mir die Krawatte herunterzureißen und mein eigenes Unternehmen zu gründen. Es war meine *Motivation*, die mich dazu brachte, und sie beflügelt mich bis heute.

So weit ein paar persönliche Erinnerungen, wie ich meine Motivation aufgebaut habe und was hinter meinem Handeln und den Richtungswechseln steckt. Auch wenn dir dieses Buch sonst nichts sagt, nimm bitte wenigs-

> *Deine Motivation bestimmt den Weg.*

tens das Bewusstsein mit, dass deine Motivation stark genug sein kann, um alles, wirklich alles in deinem Leben zu ändern. Es beginnt damit, dass du dich selbst erkennst und dir bewusst machst, was dich antreibt. Es beginnt mit jeder großen oder kleinen Entscheidung. Und es hört nie auf. Es gibt keine Ziellinie ... nur die nächste Chance zum Sieg. Deine Motivation entspringt deiner Identität, deinen Kernwerten und deinen tiefsten Wünschen. Deine Motivation legt fest, worauf du deinen Fokus richtest. Deine Motivation bestimmt den Weg.

PRAXISÜBUNG

Achtsamkeits- und Trainings-AMRAP (30 Minuten)

Diese Übung soll dich dazu bringen, über deine Motivation nachzudenken. Mich haben damals mein Erlebnis am ersten Tag als Collegestudent und mein erstes Bewerbungsgespräch dazu gebracht. Ich beschwere mich allerdings nicht über deine Kleidung, um dich aufzurütteln, sondern verschreibe dir ein Work-out innerhalb einer bestimmten Zeit.

Stell einen Timer auf 30 Minuten und fang an, um den Block oder deine gewohnte Runde zu laufen, so oft du es in dieser halben Stunde schaffst. Ob du gehst, rennst oder joggst, ist egal, aber bleib die ganze Zeit in Bewegung.

Während du läufst, denke über deine Motive nach. Was willst du erreichen? Warum willst du es? Was bedeutet es dir?

Wenn du an einen toten Punkt kommst, mach dir deine Kernwerte bewusst und kehre dann zu deiner Motivation zurück. Fang mit den allgemeinen Zielen an – was du für dich selbst und deine Mitmenschen tun willst. Dann konkretisiere sie in Bezug auf bestimmte Lebensbereiche: Familie, Freunde, Arbeit, Gesundheit, Fitness. Deine Motive und Kernwerte sind für all diese Kategorien entscheidend.

Zuletzt überleg dir, womit du heute noch anfangen kannst, nach deiner Motivation zu leben. Am Ende der Übung solltest du mindestens zwei bis drei konkrete Schritte gefunden haben, mit denen du sofort beginnen kannst.

KAPITEL 3

KONZENTRATION – DIE NÄCHSTE HERAUSFORDERUNG

Konzentration ist das zweite entscheidende Element des AMRAP-Prinzips. Wenn du dir deiner Motivation klar geworden bist, ist der nächste Tagesordnungspunkt für dich, dass du definierst, worauf du dich konzentrieren willst. Es ist wichtig zu wissen, was man will; noch wichtiger ist, dass man es intelligent umsetzt. Meine Motivation ist meine Familie, unser Unternehmen und Fitness. Sich intensiv auf die gerade anstehende Aufgabe zu konzentrieren, während man alle Ablenkungen strategisch und methodisch ausblendet, ist entscheidend bei ihrer Verwirklichung.

Das ist schwieriger, als es sich anhört. Genug Selbstdisziplin aufzubauen, um beim Essen auf das Smartphone zu verzichten, ist gut und schön, aber herauszufinden, wie man Arbeit, Sport, Familie, Fitness und emotionales Wohlbefinden miteinander vereinbart – während man gleichzeitig in allen diesen Bereichen seine Ziele verfolgt und sie in vernünftigem Maß voneinander getrennt hält –, ist etwas ganz anderes. Wie immer beim AMRAP-Prinzip gibt es auch bei der Konzentration mehrere Stufen.

Meine Familie kommt ganz klar an erster Stelle, aber wenn ich nicht darin geübt wäre, die unzähligen Ablenkungen – wichtige und unwichtige – um mich herum zu erkennen ... könnte selbst sie mir leicht entgleiten. Ich möchte das anhand eines Erlebnisses veranschaulichen, das sich mir besonders eingeprägt hat.

Es war Anfang Juni 2011, an einem wunderschönen nordkalifornischen Sommertag. Die Sonne schien, die Vögel sangen ... alles, was dazugehört. Ich ging mit Ashley und unserer kleinen Tochter Ava im Zentrum von Campbell spazieren, einem Vorort in der Nähe unseres Hauses. Ich war physisch anwesend, mit den Gedanken aber woanders. Als ich in die Wirklichkeit zurückfand, fragte Ashley mich gerade, »... ich würde das also gerne tun. Was hältst du davon?«

Mir wurde klar, dass ich überhaupt nicht darauf geachtet hatte, was sie sagte. Was wollte sie tun? Was halte ich wovon? Es war mir sehr peinlich. Ich war in Gedanken nicht nur ganz woanders gewesen, sondern völlig weggetreten ... Wir hätten auch auf dem Mond sein können, so wenig hatte ich auf meine Umgebung geachtet.

Ich erinnere mich noch so deutlich daran, als sei es gestern gewesen. Während Ashley mit mir sprach, hatte ich überlegt, ob ich am Nachmittag noch schwimmen gehen sollte. Dabei ging mir die Frage durch den Kopf, ob die CrossFit Games dieses Jahr auch einen Schwimmwettkampf einschließen würden. Während ich mir mich selbst im Wasser vorstellte, wie ich gerade die Schwimmbrille überzog, dachte ich Folgendes: *Vielleicht wird man uns ja irgendwann mal aufs Meer rausfahren, wo wir dann aus dem Boot springen und wieder an Land zurückschwimmen müssen. Das wäre cool.*

In jenem Moment, als ich Ashley und unsere kleine Tochter im Kinderwagen anschaute, sah ich die Enttäuschung in ihren Augen. Mir wurde außerdem klar, dass ich etwas ändern musste, sonst hätte ich bald keine Frau mehr, mit der ich spazieren gehen konnte. Mein Körper war anwesend, aber mein Geist weit, weit weg.

Mit Ablenkungen umgehen – wie man den »Hintergrundlärm« ausblendet

Genauso abgelenkt war ich, wenn ich mich ums Geschäft hätte kümmern müssen. Im selben Jahr – es war 2011 – hatte NCFIT begonnen, weltweit zu expandieren. Wie man sich denken kann, saß ich in einem Meeting nach dem anderen. Es gab eine Zeit, in der ich monatelang jeden Abend eine Konferenzschaltung mit Asien hatte. Während der Meetings und Konferenzen driftete ich geistig regelmäßig ab und dachte an mein nächstes Work-out – das war der Hintergrundlärm. Ich analysierte, welche meiner Schwächen ich angehen musste, um bei den nächsten Games wieder auf dem Treppchen zu stehen. Es war zwar kaum die passende Zeit für mich, um über Hanteln und Burpees zu grübeln, aber ich war nun mal ein leidenschaftlicher Sportler. Die Folgen waren nicht unmittelbar zu spüren, aber ich merkte, dass ich mit Konsequenzen rechnen musste, wenn ich das einreißen ließ. Ich hatte wieder einmal, und mehr denn je, Anlass, in mich zu gehen und für mich selbst ein paar Regeln aufzustellen. Ich musste lernen, den Hintergrundlärm auszuschalten.

Diese gedanklichen Abschweifungen hinderten mich nämlich daran, der beste Vater, Ehemann, Sportler und Geschäftsmann zu sein, der ich sein konnte. Damals schrieb ich die AMRAP-Grundsätze zum ersten Mal auf und schwor mir selbst, dieser ganz auf Fokussierung ausgerichteten Methode zu folgen.

> *Will ich hier so viele Reps wie möglich bringen?*

Wenn ich trainierte, würde ich nur ans Training denken. Wenn ich mit Frau und Kindern zusammen war, wollte ich zu 100 Prozent für sie und für unsere gemeinsamen Erlebnisse da sein. Wenn ich geschäftlich zu tun hatte, würde ich mich ganz auf den geschäftlichen Erfolg konzentrieren. Ich fragte mich bei jeder Tätigkeit: *Will ich hier so viele Reps wie möglich bringen? Bin ich wirklich mit ganzem Einsatz bei dieser Aufgabe?*

Das soll nicht heißen, dass es etwa falsch oder unwichtig wäre, über ein Work-out nachzudenken, sondern dass man Prioritäten setzen und seine Aufmerksamkeit klug einteilen sollte. Je nachdem, welche Aufgabe gerade ansteht, kann es an einem Tag angemessen sein, sich auf etwas zu konzentrieren, das am nächsten Tag nur stört. Training, Familienleben, ein bevorstehender Geschäftstermin ... das ist alles sehr wichtig, aber man darf sich nicht gleichzeitig damit befassen!

Die Fähigkeit, in der Gegenwart gänzlich präsent zu sein, muss man lernen, und wie bei jeder Fähigkeit ist Zeit und Übung nötig, bis man sie draufhat. Wenn du damit anfängst, kannst du dich vielleicht immer nur kurz wirklich konzentrieren. Keine Sorge; das geht jedem so. Aber je mehr du übst, desto besser und länger kannst du voll in der Gegenwart bleiben. Du wirst dann intensiver erleben, mehr spüren, mehr wahrnehmen. Die Fähigkeit, sich nicht von der Gegenwart ablenken zu lassen, ist wesentlich für die Beherrschung des AMRAP-Prinzips. Sie ist außerdem derjenige Baustein, den ich täglich praktiziere und mir bewusst machen muss.

> *Die Fähigkeit, sich nicht von der Gegenwart ablenken zu lassen, ist wesentlich für die Beherrschung des AMRAP-Prinzips.*

Lebe jetzt – nicht in der Vergangenheit und nicht in der Zukunft

Was meinst du – sind wir, allgemein gesagt, heute produktiver als Mitte des 20. Jahrhunderts oder nicht? Schwer zu sagen; ich glaube aber, dass wir heute zumindest abgelenkter sind. In den 1950er- und 1960er-Jahren ging man zur Arbeit und war ... na ja, auf der Arbeit. Es gab keine Smartphones, keine Computerspiele und keine sozialen Netzwerke, die für Ablenkung sorgten. Klar, Fernsehen und andere weniger fortschrittliche Möglichkeiten gab es auch damals, aber heute bietet die Technik ja ständigen Zugang und unaufhörliche Reize. Wenn du ein Smartphone in der Tasche hast, verfügst du über ein Werkzeug, dass dich buchstäblich sofort an jeden Ort bringt, dir alles zeigt, was du nur willst, und dich jeder Situation entkommen lässt. So einfach ist das. Ich weiß gar nicht mehr, wann ich in einem Restaurant zum letzten Mal ein Paar bei einem romantischen Dinner gesehen habe, ohne dass beide auf ihre Displays starrten.

Soziale Netzwerke, E-Mail, Textnachrichten und so weiter sind natürlich aus einer fantastischen, revolutionären Technologie entstanden. Ich sage auch nicht, wir sollten sie wieder abschaffen. Wir können und sollen ihre Vorteile nutzen. Das Problem ist, dass sie uns nur zu oft vom realen Leben ablenken und den Kontakt zu den echten Menschen um uns herum stören. Das ist ganz klar schädlich für uns und, so könnte man argumentieren, auch für die Produktivität. Mit dem AMRAP-Prinzip konnte ich mich auch diesem Hintergrundlärm entziehen und bei der Sache bleiben, die ich erledigen wollte. Kennst du auch diese Leute, die immer »beschäftigt« sind, aber nie etwas fertig haben? Abwesend. Abgelenkt. Eskapisten. Ablenkungen sind überall. Meine Herausforderung an dich: Bleib konzentriert und bring die Aufgabe zu Ende.

Natürlich nimmt dir diese Aufgabe niemand ab. Mach dir zuerst klar, wie man sich konzentriert, und dann wende dieses Wissen an. Das bedeutet zum Beispiel, dass mein Mobiltelefon mitunter eine Ablenkung ist, aber an mir liegt es, damit richtig umzugehen und mich auf die Aufgabe zu konzentrieren, die gerade anliegt.

> *Meine Herausforderung an dich: Bleib konzentriert und bring die Aufgabe zu Ende.*

Manchmal tausche ich mit meiner Frau das Smartphone. Dann habe ich keinen Zugang zu meinen E-Mails und sozialen Netzwerken, aber wenn sie oder jemand anders mich dringend erreichen muss, ist das möglich. Solche Kleinigkeiten sind gar nicht so unwichtig, wenn man sie in einem größeren Zusammenhang sieht.

Diesen AMRAP-Baustein, die Konzentration, anzuwenden, ist theoretisch einfach, praktisch aber oft ziemlich schwierig – deshalb arbeite ich heute noch dauernd daran. Letztlich kann man ihn so zusammenfassen: Wenn du am Arbeitsplatz bist, sei ganz dort und *arbeite*; wenn du zu Hause bist, sei ganz zu Hause und konzentriere dich auf dein *Privatleben*; und wenn du trainierst, gib alles und mach dann mit etwas anderem weiter. Das ist ein einfaches Konzept, aber es auszuführen, braucht Übung und ständige Selbstüberwachung. Bewerte dich selbst immer mit unbedingter Ehrlichkeit: Wie präsent bist du gerade wirklich?

Die Aneignung des AMRAP-Prinzips lässt sich gut mit dem Radfahren lernen vergleichen. Um ein Fahrrad zu lenken, ohne damit umzukippen, muss man sich anfangs ganz darauf konzentrieren, aufrecht und im Gleichgewicht zu bleiben. Wenn du je beim Radfahren abgelenkt worden und daraufhin vom Weg abgekommen oder gestürzt bist, weißt du, was ich meine. Mir ist das jedenfalls schon passiert.

Und genau wie man beim Radfahren gleichzeitig aufmerksam bleiben und in die Pedale treten muss, verlangt auch das AMRAP-Prinzip Konzentration während der Arbeit. Man tritt selbst in die Pedale, und ebenso steuert man das eigene Leben. Ja, das heißt, dass *du* die Ärmel hochkrempeln, dich fokussieren und an die Arbeit gehen musst. Niemand wird es für dich erledigen, und das willst du auch gar nicht – denn nur so kannst du dein wahres Potenzial freisetzen.

Einer der wichtigsten Faktoren, um sich besser konzentrieren zu können, ist emotionale Kontrolle – Selbstbeherrschung. Der schwerste Fehler, den ich bei Geschäftsleuten, Sportlern und in Beziehungen erlebe, ist, dass sie in kritischen Situationen die Kontrolle über ihre Emotionen verlieren, wenn die Dinge nicht so laufen, wie sie wollen. Ein Gewinnertyp würde nichtsdestotrotz ruhig bleiben und diesen Stress in produktive Energie umwandeln. Der

Verlierertyp hingegen jammert, reagiert überzogen und verliert die Beherrschung. Nach meiner Erfahrung liegt das an mangelnder Konzentration, und die Frage stellt sich, ob man sich auf das Richtige konzentriert – oder auf Dinge, die man nicht verändern kann.

Denk stets positiv:
Was ist veränderbar?

Während meiner Laufbahn als Profisportler habe ich die verschiedensten Arten Training absolviert. Ich habe gelernt, außer den körperlichen auch mentale Muskeln aufzubauen, die mir helfen, mich zur rechten Zeit auf die richtige Sache zu konzentrieren – auch unter dem Druck, wie ihn etwa eine große Menge Zuschauer bei einer Live-Fernsehübertragung erzeugt. Um das zu erreichen, habe ich während meiner Zeit als aktiver Wettkämpfer jahrelang sogar einen Mental-Coach beschäftigt. Diese Ausbildung hat mir geholfen, insgesamt weniger stressanfällig, reaktiv und abgelenkt zu sein und stattdessen konzentrierter, überlegter und präsenter zu handeln.

2008 war ich Weltmeister, aber bei den nächsten CrossFit Games 2009 hatte ich unbestreitbar eine schlechte Phase. Ich hatte mich zu sehr mit Faktoren außerhalb meiner Kontrolle beschäftigt, was zu einer lähmenden Angst führte, die mich schließlich erledigte. Anstatt mich auf meine eigene Vorbereitung, meine eigene Einstellung und meinen eigenen Angriffsplan zu konzentrieren, machte ich mir viel zu viele Sorgen über meine Konkurrenten, die Wettbewerbe, die Kampfrichter und die Bedingungen. Es gab mehrere Faktoren, die mich meine Konzentration verlieren ließen, aber ich würde sagen, der wichtigste war, dass ich nicht gelernt hatte, mit dem Druck umzugehen, der auf dem Champion und auf den Wettkämpfern allgemein liegt.

Als die Spiele begannen, hatte ich so viel Kraft an Faktoren verschwendet, die außerhalb meiner Kontrolle lagen, dass ich kaum noch welche für die körperliche Anstrengung der Wettkämpfe übrig hatte. Diese Ablenkungen brachten mich aus dem Konzept und kosteten mich Leistung. Nachdem ich darüber hinweggekommen war, dass ich meine eigenen Erwartungen und die meiner Umgebung nicht erfüllt hatte, erkannte ich, dass ich lernen musste, mich auf das zu konzentrieren, was zu ändern in meiner Macht lag.

Zu diesem Zweck setzte ich mich mit meinem Mental-Coach Adam Saucedo zusammen, der mir eine Aufgabe stellte, um die Stressfaktoren in meinem Leben zu sortieren: Ich sollte zwei Kreise auf ein Blatt Papier malen und dann in den linken alles schreiben, was ich verändern konnte, und in den rechten alles, was ich nicht verändern konnte. Als ich damit fertig war, hatte ich das Gefühl, als habe mir gerade jemand eine 250-Kilo-Hantel vom Rücken genommen. Ich hatte dieses Zusatzgewicht so lange mit mir herumgeschleppt – und jetzt fühlte ich mich befreit.

Damals diente mir die Übung nur dazu, mich besser auf den Wettkampf vorzubereiten; aber später nutzte ich sie auch, als Ava an Leukämie erkrankte. Ich schaffte es zwar nicht über Nacht, aber mit der Zeit trennte ich das, was ich kontrollieren konnte, besser davon, was außerhalb meiner Macht lag. Die Veränderung fiel mir zuerst beim Training auf, später dann auch in allen anderen Lebensbereichen. Ich habe jahrelang innerlich an diesem Konzept gearbeitet und immer wieder das Bild der zwei Kreise aufgegriffen.

Es zahlte sich reichlich aus – im Sport, im Leben, im Geschäft. Wenn du in der Lage bist, dich darauf zu konzentrieren, was du verändern kannst – und alles außer Acht lässt, worauf du keinen Einfluss hast –, dann bekommst du fast jede Situation in den Griff. Besonders wirksam ist diese Einstellung in Konflikten. Wenn du alle Sorgen hinter dir lässt, die sich um den »Hintergrundlärm« drehen, gewinnst du die Kontrolle über dein Leben zurück. Ich bekomme heute noch eine Gänsehaut davon!

Als ich mit Adam an diesem Ansatz arbeitete, entwickelte ich auch die Gewohnheit, positive Selbstgespräche zu führen. Das dauerte bei mir besonders lange, spielte aber eine entscheidende

Rolle in vielen Situationen. Bei zahllosen Gelegenheiten erlebte ich, dass mich mitten in einem Work-out ein negativer Gedanke überfiel.

»Deine Beine sind wie abgestorben. Lange hältst du nicht mehr durch. Du bist am Ende.«

»Mit dem da vorne kommst du nicht mit. Du fühlst dich heute schon den ganzen Tag müde. Du hast so viel um die Ohren.«

»Du siehst heute klein aus. Die Stange ist viel zu schwer. Dein Rücken ist verkrampft.«

Verdammt. Selbst, wenn ich das hier bloß hinschreibe, zieht es mich runter. Sich auf diese negativen Gedanken einzulassen verbessert die Lage nicht – es führt nur dazu, dass sie die Oberhand gewinnen. Deine Beine fühlen sich dadurch nicht besser an, sondern schlechter. Dir gelingt es nicht, dich aufzuraffen und neue Energie zu sammeln ... stattdessen machst du eine Pause, gähnst und fühlst dich noch müder. Kommt dir das bekannt vor? Diese Gedanken muss man wie Krebs behandeln – sofort eingrenzen und herausschneiden. Vertreibe sie und ersetze sie durch positive, bestärkende.

Anstatt mir zu sagen, »Jason, deine Beine tun weh ...«, lasse ich Schmerz und Erschöpfung außer Acht und konzentriere mich auf Gefühle, die mich aufbauen, etwa, »Mann! Meine Beine brennen richtig. Fühlt sich an, als würden sie wachsen. Gut! Sie werden stärker.« Manchmal stelle ich mir dabei vor, ich würde jemanden coachen. Wer schon mal als Coach gearbeitet oder jemanden angefeuert hat, kennt das: Du würdest schließlich nie sagen, »Deine Beine tun weh? Bestimmt kriegst du auch keine Luft mehr. Du hast hier sowieso nichts zu suchen«, sondern vielmehr: »Gut gemacht! Bleib in Bewegung! Du wirst immer stärker! Das sieht gut aus!« Und so weiter. Dasselbe solltest du auch sagen, wenn du dich selbst durchs Leben coachst. Ich bringe oft Beispiele aus dem Training, weil ich wirklich glaube, dass effektive Konzepte über das Fitnessstudio hinaus auch im Leben wirksam sind.

Alles für Avas Heilung

Wie weit ich diese Fähigkeiten drauf hatte, wurde rigoros geprüft, als Ava 2016 an Leukämie erkrankte. Das kam für uns natürlich völlig überraschend und verlangte von mir wie von Ashley langfristige und totale Konzentration. Während dieser Zeit stützten wir uns auf positive Selbstgespräche, Fokussierung auf das, was wir verändern konnten, und emotionale Selbstbeherrschung, um die richtigen Entscheidungen für Avas Therapie zu treffen. Diese Zeit war die wichtigste in meinem Leben. Ich durfte mich durch nichts Unwichtiges ablenken lassen. Schlaflose Nächte im Krankenhaus, Notfallmaßnahmen, emotionale Solidarität mit der Familie – ich glaube, diese Beispiele verdeutlichen die wahre Kraft des AMRAP-Prinzips.

Als wir Avas Diagnose hörten, rief ich sofort meine Eltern Sue und Robert an. Mein Vater hatte, als ich in der Highschool war, selbst Leukämie gehabt und wusste am besten, wie man mit einer solchen Belastung fertigwird. Die nicht nachlassende Unterstützung unserer beider Familien half mir, meinen Fokus zu definieren und aufrechtzuhalten. Die Krebsdiagnose traf uns natürlich schwer, das ist unvermeidlich. Unsere Welt wurde auf den Kopf gestellt. Ashley und ich wurden von Gefühlen, Gedanken und Sorgen überwältigt. Was sollten wir zum Beispiel mit Kaden machen, unserem Zweijährigen? Wir würden wahrscheinlich den folgenden Monat vollständig bei Ava im Krankenhaus verbringen und brauchten Hilfe. Ich bat meine Eltern, sich freizunehmen und sich um Kaden zu kümmern, während wir überlegten, wie es weitergehen solle. Ich verlangte damit von meinen Eltern, eine ganze Weile ihrer Arbeit fernzubleiben und auch ihr Leben völlig umzukrempeln. Die Antwort meines Vaters werde ich nie vergessen: »Deine Mutter und ich haben bereits bei der Arbeit Bescheid gesagt, dass wir bis auf Weiteres Urlaub brauchen. Du darfst dich jetzt nur auf eins konzentrieren: dass Ava wieder gesund wird.«

Diese Lektion meines Vaters, was das Thema Fokussierung betrifft, wurde bald vom Rest der Familie aufgegriffen. Unsere

Angehörigen strömten ins Krankenhaus, sobald die Nachricht sie erreichte. Meine Frau und ich hätten das nie für selbstverständlich gehalten. Familie bedeutet alles. Wenn man sich fühlt, als fiele einem die Decke auf den Kopf und man nach dem kleinsten Hoffnungsschimmer angelt ... dann ist sie es, die du brauchst. Ich weiß gar nicht, was die Ärzte und Schwestern gedacht haben mögen, als das Wartezimmer einen Monat lang voll war. Ich habe damals nicht viele Fotos geschossen, aber das brauchte ich auch nicht, weil ich die Liebe und den Trost unserer Angehörigen nie vergessen werde.

Mit dieser Unterstützung im Rücken konnte ich gegen Avas Krebs eine Powerversion des AMRAP-Prinzips ins Feld führen. Auf eine Weise, die ich nur chirurgisch nennen kann, schnitt ich systematisch alles, worüber ich keine Kontrolle hatte, heraus und konzentrierte mich ausschließlich auf Avas Heilung. Der Einsatz hätte nicht höher sein können. Ich verließ mich auf das AMRAP-Prinzip, um nicht nur jeden Tag und jede Stunde, sondern jede *Minute* so gut zu nutzen, wie ich nur konnte. Das tat ich, um mich selbst zu zwingen, ständig besser informiert, besser vorbereitet und besser ausgestattet zu werden. Ich las sämtliche Bücher über Krebs, die ich finden konnte. Ich lernte so viel wie möglich über Avas Krankheit, die Akute Lymphoblastische Leukämie (ALL). Ich versuchte alles so effektiv wie möglich anzugehen und stützte mich dabei intensiv auf das AMRAP-Prinzip. Ich bewertete mein ganzes Leben neu. Mein Fokus war so scharf gebündelt wie ein Laser ... jetzt zählte nichts mehr außer meiner Familie.

Konzentration im Strudel der Ereignisse

Kehren wir zurück in die Kinderklinik der Stanford University, aber diesmal einige Woche nach der Diagnose. Inzwischen hatte uns die harte Realität erreicht – unsere Tochter hatte Krebs. Mei-

ne Frau und ich hielten rund um die Uhr Wache bei ihr, Tag für
Tag. Die geringsten Veränderungen ihrer Körpertemperatur oder
ihres Aussehens konnten eine kritische Veränderung ihres Zustands
anzeigen. Eine emotionale Achterbahnfahrt – es ging um Leben
und Tod, war mental, physisch und emotional erschöpfend. Tag für
Tag, Stunde um Stunde wachten wir an ihrer Seite. Die Krisen bei
Wettkämpfen, wenn meine Muskeln brannten und mein ganzer
Körper sich anfühlte, als bräche ich gleich zusammen ... sie ver-
blassen im Vergleich zu diesen Tagen. Unsere Konzentration, Wil-
lenskraft und Selbstbeherrschung – alles Bestandteile des AMRAP-
Prinzips – wurden gnadenloser geprüft, als wir uns je hätten vorstellen können.

Eines Tages dann sahen wir, dass sich etwas tat. Uns fiel eine
fast unmerkliche Veränderung in Avas Vitalparametern auf. Wir
riefen sofort den Arzt dazu. Leider stellte sich schnell heraus, dass
die Veränderung nichts Gutes bedeutete. Was so unmerklich begonnen hatte, wurde zu einem raschen, starken Blutdruckabfall.
Mit einer kurzen Kopfbewegung wandte sich der Arzt von Ava ab
und uns zu. Noch bevor er sprach, verrieten uns seine Augen, wie
ernst die Lage war. Was er sagte, war klar und offen: »Wenn Avas
Blutdruck in den nächsten zwei Minuten nicht wieder steigt, seien
Sie bitte vorbereitet. Ich rufe dann ein Krisenteam herein, und wir
müssen ungestört arbeiten können. Es sind ziemlich viele Leute.«
Ich fasste Ashleys Hand und hielt sie fest.

Zwei Minuten später rief er dann das Krisenteam tatsächlich,
und zwanzig Rettungsmediziner stürmten herein. Ich hatte noch
nie im Leben solche Angst. Der leitende Arzt, dem ich auf ewig
dankbar bin, wies das Team mit klaren, aber unmissverständlich
dringenden Worten ein. Jeder hatte eine genau definierte Aufgabe. Es war die beeindruckendste Vorführung von Teamarbeit, die
ich je gesehen habe. Ashley und ich konnten nur dabeistehen und
zuschauen. Es war offensichtlich, dass das Leben unserer Tochter
jetzt nicht in unseren Händen, sondern in denen der Ärzte lag. Wir

hatten, obwohl wir so lange aufgepasst, uns informiert und gewartet hatten, keine Kontrolle mehr.

Es kam uns wie eine Ewigkeit vor. Nachdem sich die Ärzte abgesprochen hatten, handelten sie rasch. Ava bekam eine Infusion und Medikamente, und dann änderte sich die Lage. Als sie aus dem Zimmer gerollt und auf die Intensivstation gebracht wurde, war die ernste Dringlichkeit bereits optimistischer Besorgtheit gewichen. Ich weiß noch, wie ich Ashley anschaute, als wir nach oben fuhren und sie fragte, »Hast du mitgekriegt, wie sich ihre Stimmen geändert haben?«, und sie antwortete, »Ja, klar.« Das Ganze hatte nur zehn Minuten gedauert. In diesen zehn Minuten hatten wir jede nur vorstellbare Emotion durchlebt.

Ich erzähle dir das als ein treffendes – wenn auch zugegebenermaßen extremes – Beispiel für das, was man verändern kann und was nicht. In diesen entscheidenden zehn Minuten hatten Ashley und ich nichts weiter unter Kontrolle als unsere eigenen Gefühle und Gedanken. Buchstäblich alles andere war uns aus den Händen genommen. Die Verantwortung lag unmittelbar bei Avas Ärzten. Ihr kompetentes Handeln – und der Wille Gottes – würden den Ausgang bestimmen. Damals war ich mit anderen Dingen beschäftigt, aber wenn ich zurückschaue, erkenne ich doch deutlich, dass diese Ärzte ebenfalls mit dem AMRAP-Prinzip arbeiteten. Sie hatten eine klare Motivation – nämlich meine Tochter durch die Krise zu bringen –, konzentrierten sich zur richtigen Zeit auf das Richtige, arbeiteten unglaublich hart, und wenn es an der Zeit war, wechselten sie den Gang. Das war, um das Mindeste zu sagen, bewunderungswürdig. Das ist nur ein Beispiel für die Kompetenz und Professionalität der Ärzte an der Stanford-Kinderklinik. Es war nicht das erste und sollte auch nicht das letzte Mal sein, dass sie unserer Tochter das Leben retteten.

Ashley – ihr Sanftmut, ihre Stärke, ihre Motivation

Das AMRAP-Prinzip kann man auf viele Weisen entdecken und praktizieren. Es gibt keine universale Version, die für jeden passt. Manche brauchen vielleicht viele Jahre – und müssen eine Menge Hindernisse aus dem Weg räumen –, um ihre Motivation zu erkennen und die anderen Grundbausteine in sich zu entwickeln. Zu dieser Kategorie gehöre auch ich – denn ich war nicht gerade ein Senkrechtstarter und fühle mich immer noch nicht auf der Höhe des Erfolgs. Das AMRAP-Prinzip ist auch nichts, das man automatisch behält, wenn man es einmal erreicht hat! Sie sollte als Lebensweise und Ethos vielmehr bewusst gepflegt werden.

Andere dagegen stolpern vielleicht einfach so über ihre Motivation und eignen sich die anderen Grundbausteine sehr viel rascher an. Es sind oft Menschen, die gezwungenermaßen ins kalte Wasser springen und von einem unerwarteten Ereignis und schwierigen Umständen aus ihrem gewohnten Umfeld gerissen werden. Ein Beispiel dafür ist Ashley, meine Frau.

Als Ava Krebs bekam, behielt Ashley ihren Mumm und ihre positive Einstellung. Solange ich sie kenne, ist sie mein Fels in der Brandung. Sie ist stets beständig, zuverlässig und überlegt. Sie fordert mich auch auf, höhere Ziele anzuvisieren, wenn es Zeit wird. Als bei Ava Krebs diagnostiziert wurde, kannten wir einander schon lange. Ashleys Handeln und Haltung im Krankenhaus waren für mich keine Überraschung, und ich war unglaublich stolz auf sie. Sie verschwendete keine Zeit mit Vorwürfen oder der zermürbenden Frage, wieso es gerade uns traf. Stattdessen machte sie sich klar zum Gefecht und nahm alles in die Hand, worüber sie die Kontrolle hatte.

Ashley ist schon von jeher eine unglaubliche Mutter. Aber als sie Avas Diagnose hörte, bemerkte ich sofort, wie sie in einen noch höheren Gang schaltete und eine noch größere Stärke ausstrahlte. Ich nervte ununterbrochen die Ärzte und wollte mehr Informationen über die Therapie. Das wurde meine Aufgabe. Ashley übernahm sofort den Part derjenigen, die alles am Laufen hält, und zwar mit nie nachlassender Entschlossenheit. Wenn ein Anruf zu machen war, erledigte sie ihn. Wenn etwas zu tun war, wusste sie es schon, bevor sonst jemand darauf gekommen war. Was ich in der Nacht von Avas Diagnose erlebte, war erstaunlich. Ich hatte Jahre gebraucht, um meine Motivation zu erkennen, aber sie fand ihre in einer einzigen Nacht: Sie würde diese Familie zusammenhalten, um jeden Preis.

Was Ashley sagte und tat, entsprach einer Neubewertung ihrer Situation. Ich werde nie unser erstes Gespräch nach der Krebsdiagnose vergessen. Bis heute ist es die beeindruckendste Motivationsansprache, die ich je gehört habe. Es war 1 Uhr nachts, als uns bestätigt wurde, dass Ava Krebs hatte; vorher war es nur eine begründete Befürchtung gewesen. Damals waren Ashley, Ava, ich und mein Schwiegervater im Krankenzimmer. Nachdem der Arzt mich hinausgebeten und mir die schlimmste Nachricht mitgeteilt hatte, die ich je bekommen habe, brauchte ich eine Weile, um mich zusammenreißen. Aber dann ging ich zurück ins Krankenzimmer, um Ashley und meinen Schwiegervater ins Bild zu setzen. Ashley und ich sprachen anschließend im Flur weiter, wo Ava nichts davon mitbekam. Ich weinte inzwischen wieder, und vielleicht tat Ashley das auch. Die Gefühle überwältigten mich, und ich suchte noch nach dem nächsten Schritt.

Ashley hingegen gab klare und konkrete Anweisungen, wie ein Krieger vor der Schlacht. »Jason, du informierst unsere Angehörigen. Sag ihnen, wenn sie weinen wollen, dann draußen. Vor Ava will ich keine Tränen sehen. Unsere Tochter ist ab sofort nur noch von *Positivität* umgeben. Jetzt gehen wir wieder rein ... und gewinnen diesen Kampf.«

Ashley führte den Kampf emotional. Sie lernte auf der Stelle, dass man den Gang wechseln und hart arbeiten muss – das AMRAP-Prinzip liegt ihr wohl einfach. Als Avas Therapie sich dem Ende näherte, entwickelte Ashley eine neue Motivation. Sie hatte unsere Familie zusammengehalten, sodass wir als Einheit gegen den Schlag kämpften, den uns das Leben versetzt hatte. Jetzt wollte sie für andere Familien dasselbe tun und rief dazu eine gemeinnützige Organisation namens *Ava's Kitchen* ins Leben, die Spenden für Familien mit einem krebskranken Kind sammelt.

Ashley sah die Dinge mit einer Klarheit, die ich wirklich inspirierend fand. Wir hatten zwar unterschiedliche Wege eingeschlagen und jeweils auf unsere eigene Art dazugelernt, trafen uns aber im Ziel wieder – auf allen Ebenen mit dem AMRAP-Prinzip zu arbeiten. Die Flexibilität dieses Systems bedeutet, dass es nicht nur auf sehr unterschiedliche Weise wirkt, sondern auch in der Größenordnung jeder Lage gewachsen ist. Dazu später mehr in diesem Buch.

PRAXISÜBUNG

Achtsamkeits-AMRAP (10 Minuten)

Stell einen Kurzzeit-Timer auf 10 Minuten und zeichne zwei Kreise auf ein leeres Blatt. Schreib über den rechten »kann ich nicht ändern«, über den linken »kann ich ändern«. Bevor du den Countdown startest, such dir einen Lebensbereich aus, in dem du zurzeit Belastungen erlebst, zum Beispiel Arbeitsplatz, Geschäft, Wettkampf oder Beziehung. Dann leg los. Sortiere 10 Minuten lang alles, was dir einfällt, in den rechten oder in den linken Kreis, je nachdem, ob du daran etwas ändern kannst oder nicht. Der rechte füllt sich wahrscheinlich schnell, während im linken nur wenige Punkte stehen. Keine Sorge, das ist normal. Die Lektion besteht darin, dass du unterscheiden lernst, was du verändern kannst und was nicht.

Wenn du fertig bist, schau dir die Listen an und konzentriere dich nur noch auf die Punkte, an denen du etwas ändern kannst. Ignoriere alles andere. Du wirst erstaunt sein, wie sich dein Befinden ändert, wenn du erst einmal erkennst, wie viele Sorgen du dir um Dinge machst, die außerhalb deiner Macht liegen. Wenn du dies unterbindest, kannst du in dir ein unglaubliches Potenzial freisetzen.

Trainings-AMRAP (8 Minuten)

Stelle einen Kurzzeit-Timer auf 8 Minuten und vollführe so viele Durchgänge aus je 10 Liegestütze und 20 Kniebeugen wie möglich.

Richtige Kniebeugen macht man so: Stell die Füße schulterbreit auseinander, die Fersen auf den Boden, die Zehen leicht auswärts gerichtet. Dann drück die Hüften nach hinten, als wolltest du dich hinsetzen, und gehe gleichzeitig in die Knie. Gehe so weit nach unten, bis deine Hüftbeuge unterhalb deiner Knie angekommen ist und die Knie einen spitzen Winkel bilden. Dann richte dich wieder auf, indem du von den Fersen aus Druck ausübst und die Beine durchstreckst.

Jasons Profi-Tipp: Wenn du die Liegestütze nicht ohne Hilfe schaffst, bleib dabei einfach mit den Knien am Boden. Solltest du bei den Kniebeugen weniger tief gelangen, geh nur so weit in die Knie, wie du kannst. Wenn du dich an diese Übung gewöhnt hast, wird sich dein Körper anpassen.

KAPITEL 4

DER EINZIG WIRKSAME TRICK – HARTE ARBEIT

Ich habe dir ja schon von den Flughafenbuchhandlungen und den lächerlichen Ratgebern erzählt, die dort die Regale verstopfen. Ein glänzendes Geschäft ist nicht nur der Verkauf inhaltsleerer Bücher, sondern auch jener Ratgeber, die dir Erfolg und Gesundheit durch Tricks und Abkürzungen versprechen. Mit Herumhängen wirst du weder Millionär, noch bekommst du tolle Bauchmuskeln! Das wäre ja schön, stimmt aber einfach nicht. Es gibt natürlich Tipps, Werkzeuge und Tricks, die einem helfen, bestimmte Fähigkeiten zu erwerben oder eine Aufgabe zu lösen, aber alles von Wert erreicht man nur durch harte Arbeit und Entschlossenheit. Es geht mir dabei gar nicht darum, wie viel Zeit jemand investiert, sondern um die Mühe. Kann aus jemandem, der auf dem Sofa vor dem Fernseher verrottet, in ein paar Monaten ein gestählter Athlet werden? Klar. Aber nur, wenn der Sofahocker kapiert, dass er sein Leben total auf den Kopf stellen und sich mehr anstrengen muss, als er sich vorstellen kann.

Man kann diese Einstellung, das Leben möglichst mühelos, nur mit Tricks und Hacks zu bewältigen, auch als Mach-es-dir-einfach-

Einstellung bezeichnen. Ich finde, dass besonders die Generation Jahrtausendwende auf diesen Trend hereinfällt, »mit ein paar Hacks« ans Ziel zu kommen. Mir liegt dann immer eine Frage auf der Zunge, und die beinhaltet schon der Titel dieses Kapitels: Was ist dagegen zu sagen, sich die Ärmel hochzukrempeln und richtig anzupacken? So gut wie jeder erfolgreiche Mensch unter meinen Bekannten musste für diesen Erfolg hart arbeiten. Wenn mich jemand nach meinem Geheimnis fragt, ist mir das immer ein bisschen peinlich, weil die Antwort so einfach klingt. Ich erwidere oft, »Es ist gar kein Geheimnis – ich habe einfach viele Jahre lang hart gearbeitet.«

Ich finde es bedenklich, dass wir in einer Zeit leben, in der Ratschläge, wie man angeblich durch »Hacks« zum Erfolg kommt, ein eigenes Marktsegment sind. Es sollte doch allgemein bekannt sein, dass Abkürzungen und Tricks immer ihren versteckten Preis haben. Irgendwann musst du den bezahlen. Selbst wenn du eine Glückssträhne hast und es dir tatsächlich gelingt, den Weg zu einem Ziel zu »hacken« – hast du wirklich die Fertigkeiten erworben, die du dafür brauchst? Hast du Stein um Stein das Fundament des Selbstvertrauens gelegt, das du für die Zukunft brauchst? Kannst du deine Erfolge wiederholen? Oder machst du dir nur selbst etwas vor?

Arbeit lässt sich nicht umgehen

Als ich jung war, hatte ich das Glück, von einigen Mentoren grundlegende Prinzipien zu lernen: Komm jeden Tag. Woche für Woche, Monat für Monat, Jahr um Jahr. Wenn du kommst, dann pünktlich, bereit zur Arbeit. Und dann arbeitest du, und zwar hart. Das ist unabdingbar. Du bist jeden Tag da. Du bist pünktlich. Du arbeitest, und zwar hart. *Ohne* Tricks.

Weil ich bei den CrossFit-Wettkämpfen ein paar Erfolge hatte, schreiben mir täglich mehrere Leute, die im Moment noch nicht trainieren, aber trotzdem die CrossFit Games gewinnen wollen – und zwar dieses Jahr. Nicht in fünf Jahren, auch nicht übernächstes Jahr – zum Teufel, sie wollen nicht mal bis nächstes Jahr warten. *Dieses* Jahr. An alle, die eines Tages aufwachen und sich in den Kopf setzen, CrossFit-Weltmeister zu werden: Macht euch erst mal die Lage klar und bedenkt, gegen wen ihr antretet.

Du redest da von einem Wettkampf, bei dem du zunächst buchstäblich allein gegen den Rest der Welt stehst, und zum Schluss gegen die Besten der Welt. Um überhaupt als Teilnehmer zugelassen zu werden – geschweige denn Sieger zu werden –, musst du nicht nur viele, sondern viele hochklassige Konkurrenten aus dem Feld schlagen. Deine Fitness und die Entschlossenheit, die dir deine Motivation verleiht, müssen geradezu überirdisch sein. Um dich auch nur als Teilnehmer zu qualifizieren, musst du den ganzen Tag trainieren ... jahrelang. Und das ist nur das physische Element. Wenn du dich qualifizierst, brauchst du, um bei den Games zu bestehen, einen Haufen gut geschärfter emotionaler und psychologischer Tools.

Kurz gesagt: Du kannst nirgends mit irgendwelchen Tricks oder Hacks den Weg an die Spitze abkürzen. Auf jeden Fall nicht im Profisport. Dasselbe gilt für den Aufbau eines lebensfähigen, erfolgreichen Unternehmens und den einer langfristigen, glücklichen Beziehung. Der Eintrittspreis besteht aus langer, mühevoller Arbeit voller Probleme, und je eher du dir das klarmachst, desto eher kannst du auch das volle Potenzial des AMRAP-Prinzips ausnutzen. Es muss um etwas gehen, das du gern tust und das du unbedingt willst, und zwar aus den richtigen Gründen.

> *Du kannst nirgends mit irgendwelchen Tricks oder Hacks den Weg an die Spitze abkürzen.*

Was harte Arbeit ist, lässt sich meiner Definition nach am ehesten durch die Intensität bestimmen, mit der du sie angehst. Hier kommen wir auf das vorige Kapitel zurück, in dem es um Konzentration ging. Wenn du eine Aufgabe zu erledigen hast, ignoriere alle

Ablenkungen und mach dich an die Arbeit. Deine Fähigkeit zu harter Arbeit hängt von deiner Fähigkeit ab, dich zu konzentrieren. Um deine Leistung in dieser Hinsicht zu verbessern, mach einfach ein AMRAP-Work-out daraus. Tritt gegen dich selbst an und versuche, heute besser zu sein als gestern. Oder – aber nur, wenn du wirklich bereit bist und aufs Gas treten willst, gegen andere.

Das ist genau das Konzept, das Gruppen-Fitnesstraining so wirksam macht. Wenn du den Hintergrundlärm ausblendest, dich richtig reinkniest und ein Wettkampf-Element dazunimmst, dann siehst du auch Ergebnisse. Der Nutzen ist zweifach. Du wirst nicht nur unmittelbar eine Leistungsverbesserung bei dir erleben, sondern auch jedes Mal besser werden, wenn du zum Training kommst, die Uhr startest und reinhaust. Verbesserungen ergeben sich automatisch durch ständiges Üben. Die Kombination aus Üben und Wettbewerb wird deine Ergebnisse in den Himmel jagen. Hast du je ein bisschen Benzin in eine offene Flamme gegossen? Ich habe dir gerade ein ganzes Fass Benzin gegeben. Mach was draus.

Hart arbeiten + dranbleiben = Ergebnisse

Natürlich reden wir hier nicht in einem Vakuum. Es kommt auch auf dich an: Wo bist du jetzt, wo kommst du her, wohin gehst du? Hart zu arbeiten heißt nicht, dass du dich selbst rücksichtslos in eine womöglich gefährliche Abwärtsspirale schuftest. Es heißt auch nicht, dass du blindlings drauflos ackerst, sondern vielmehr, dass du über deinen gewohnten Rahmen hinausgehst und systematisch deine Grenzen austestest.

Vergleichen wir dieses Konzept mit einem Training. Das Work-out, das man für ein gewünschtes Ergebnis einbringen muss, ist erst einmal, relativ gesehen, unbequem. *Relativ* ist hier das entscheidende Wort. Ein untrainierter Anfänger muss sich an seinem ersten Tag im Fitnessstudio natürlich viel mehr anstrengen als ein gut konditionierter, durchtrainierter Athlet. Beide aber müssen gemäß ihren physischen, psychischen und emotionalen Möglichkeiten hart arbeiten. Bei NCFIT bieten wir den Anfängern einen Eindruck, wie diese Arbeit im Fitnesstraining aussieht, achten aber darauf, dass sie sich nicht überanstrengen oder verletzen. Wir werfen sie ins tiefe Ende des Schwimmbeckens – mit guten Schwimmflügeln und einem wachsamen Bademeister.

In diesem Zusammenhang vermeide ich übrigens gern den Begriff »maximale« Anstrengung und spreche lieber von »bestmöglicher« oder sogar »überlegter« Anstrengung. Da gibt es nämlich diesen kleinen Unterschied. Bestmögliche Anstrengung bedeutet eben, dass man sich nicht schonen soll, es aber auch nicht auf Kosten der Sicherheit übertreiben soll. Vielleicht fragst du jetzt, »Aber Jason, woher willst du denn wissen, dass ich wirklich mein Bestes gebe?« Ganz einfach: Ich weiß es nicht. Nur du weißt es. Ich könnte natürlich aufgrund deiner bisherigen Ergebnisse und meiner Erfahrung eine Vermutung anstellen, aber du bist der einzige Mensch, der weiß, ob du dich bestmöglich anstrengst oder nur so durchschummelst. Der Entschluss muss von dir kommen. Ich kann dir die Tools geben, aber nicht die Mühe abnehmen. Wenn es dir genügt, mit schwachen Ergebnissen gerade eben so durchzurutschen ... mach nur weiter so.

Aber eins verspreche ich dir: Wenn du wirklich hart arbeitest, wenn du wirklich jeden verdammten Tag zur Stelle bist und dein Bestes gibst – dann wirst du auch Resultate sehen. Das ist im Fitnessstudio nicht anders als am Arbeitsplatz oder im Leben. Vergiss die Hacks und Tricks. Das Training durch harte Arbeit zu meistern ist der einzige garantierte Weg, dein wahres Potenzial zu entfalten.

Die Bedeutung starker Mentoren

Ich möchte dir etwas über die drei am härtesten arbeitenden Menschen erzählen, die mir je begegnet sind, und darüber, was ich von ihnen gelernt habe. Zwei davon kenne ich aus dem Fitnessstudio, in dem ich sozusagen meine Lehrzeit in der Branche hinter dem Schreibtisch verbrachte – Joe und Minh. Durch ihr Vorbild und ihre unschätzbaren Ratschläge habe ich zum großen Teil gelernt, was man wie anfangen muss – und zwar in allen Lebensbereichen. Von ihnen habe ich erfahren, in welche Gruben man fallen kann und wie man dies vermeidet. Später, als ich selbst ein Unternehmen gründete, wandte ich diese Lektionen dann an.

Joe war der Besitzer des Studios. Er ist ein breitschultriger Typ, der nie abschaltet. Ich habe viel Zeit damit verbracht, ihn zu beobachten, ihn auszufragen und ihm zuzuhören und zu folgen. Ich nervte ihn ständig mit meinen Fragen. Vielen Fragen. Fragen über die Grundlagen des Fitnessgeschäfts, wie man eine Halle mietet, eine gute Lage erkennt, sich um die Mitglieder kümmert, das Personal leitet und dabei Gewinn macht.

Ich glaube, dass Joe erkannte, wie sehr ich nach Erfolg strebte, und er gab seinen Rat meistens gern. Ich war diszipliniert und fleißig, und das war ihm, wie ich wusste, am wichtigsten. Ihm war klar, dass ich meine Hausaufgaben machte und meine Verkaufstaktik übte. Er sah, dass ich den Kunden wirklich helfen wollte, Gesundheit und Fitness in ihr Leben einzubauen. Wir glaubten beide, dass Fitness das Leben verändern kann.

Als ich anfing, für Joe zu arbeiten, verkaufte er schon keine Mitgliedschaften mehr, sondern handelte mit Immobilien. Er hatte in und um San José eine erfolgreiche Fitnessstudio-Kette aufgebaut und war ein erfahrener Geschäftsmann. Ich löcherte ihn ständig mit Fragen, wie man ein Unternehmen aufzieht. Ich wollte mir alles aneignen, was er wusste.

Tatsächlich bekam ich von Joe eine der einprägsamsten Lektionen meines Lebens. Wahrscheinlich erinnert er sich gar nicht mehr an das Gespräch, ich aber umso mehr. Als wir eines Abends zusammen auf dem Rundkurs liefen, brachte ich den Mut auf, Joe zu erzählen, dass ich eines Tages selbst ein Fitnessstudio aufmachen wollte. Ich war furchtbar nervös – ich weiß noch, dass ich versuchte, gelassen und überlegt zu klingen. Es ging etwa so: »Joe, eines Tages will ich ein eigenes Studio haben.«

Das war alles. Mehr brachte ich nicht heraus. Aber seine Antwort werde ich nie vergessen: »Wenn du Eigentümer werden willst, Jason, dann benimm dich wie einer.«

Und ohne ein weiteres Wort sprang er von der Bahn und ging. Das verwirrte mich ein bisschen. Ich wusste nicht, was ich von diesem plötzlichen Abgang halten sollte. Etwa eine halbe Stunde später sah ich Joe wieder. Er wischte auf Händen und Knien eine Schweinerei auf, die jemand auf der Toilette hinterlassen hat-

> *»Wenn du Eigentümer werden willst, Jason, dann benimm dich wie einer.«*

te. Da traf es mich wie ein Schlag: Wenn ich Eigentümer, Geschäftsführer oder etwas in der Art werden wollte, musste ich lernen, mich so zu verhalten wie einer. Nicht, wenn es so weit war, sondern jetzt gleich. Von diesem Tag an säuberte ich fast jeden Tag die Toilettenräume und las jedes Stück Abfall auf, das ich auf dem Boden sah. Ich fing sogar an, Hemden mit Kragen zu tragen, und wer mich kennt, weiß, dass ich mich dazu sehr überwinden musste. Noch heute kann ich nicht an Abfall auf dem Boden vorbeigehen, und jedes Mal, wenn ich eine unserer Filialen besuche, schaue ich zuerst in die Toiletten – um sicherzugehen, dass sie den Standards entsprechen, die ich bei Joe gelernt habe.

Von Minh lernte ich die Kunst des Verkaufens. Darin war er der absolute Meister. Ich hatte ja in Joes Fitnessstudio nicht als Verkäufer von Mitgliedschaften angefangen, sondern als Rezeptionist für 12 Dollar Stundenlohn. Von meinem hohen Metallhocker aus beobachtete ich Minh ehrfürchtig. Meine Augen folgten ihm, wenn er potenzielle neue Mitglieder an der Tür begrüßte und sich beeilte, sie in sein Büro zu lotsen. Minh wusste auch, dass ich ihn beobachtete, und es gefiel ihm. Er ließ mich ein paarmal seine Provisionsschecks sehen, wenn sie an der Rezeption einliefen. Falls er mich damit dazu bringen wollte, von der Rezeption in den Verkauf aufzusteigen, hat es funktioniert.

Minh war mit großem Vorsprung der beste der Verkäufer. Er war ein derartiges Talent, dass er einem Mann in weißen Handschuhen ein Eis am Stiel aus Ketchup hätte andrehen können. Er hatte die Kunst des Verkaufens vervollkommnet, und bis dorthin hatte er sich aus dem Nichts emporgearbeitet.

Minh war in Vietnam geboren. Als seine Familie mit ihm in die USA gekommen war, zog sie ziemlich viel um – Texas, Florida, schließlich Kalifornien. Als Minh eingeschult wurde, konnte er nicht einmal Englisch, überwand aber alle Schwierigkeiten und schloss die Highschool ab.

Mit 18 Jahren wollte er eigentlich aufs College, aber die Familie hatte kein Geld, um ihn dorthin zu schicken. Sie konnte es sich einfach nicht leisten. Minh ging stattdessen arbeiten. Es fing einfach an. Er meldete sich auf eine Anzeige, in der eine Aushilfe gesucht wurde, und erhielt zweierlei – einen Kasten und eine Anweisung. Der Kasten enthielt Damenparfüms, die Anweisung lautete: *Verkauf sie.* Wie man sich denken kann, war der erste Tag nicht besonders lustig. Minh hatte keine Ahnung von Parfüm. Als er das erste Mal an eine fremde Haustür klopfte, stand er Todesängste aus. Es war ihm extrem unangenehm. Kam jemand an die Tür, erstarrte er, drehte sich ohne ein Wort um und ging weiter zum nächsten Haus. Er hätte am liebsten den Job hingeworfen. Aber er tat es nicht, sondern lernte, mit seinen Ängsten umzugehen und sie zu überwinden.

Wie Joe sah auch Minh wohl etwas Besonderes in mir. Deshalb zeigte er mir seine Provisionsschecks. Später meinte er einmal, er habe meinen Drang zum Erfolg gespürt. Minhs Arbeitsethik bestand aus einem einzigen Grundsatz: *Wenn du verkaufen kannst, hast du etwas zu essen.*

Schließlich nahm Minh mich unter seine Fittiche. Von ihm lernte ich die Grundlagen der Verkaufstechnik und wie wichtig Zähigkeit ist. Ich wurde schnell besser darin. Einen großen Teil meines Erfolgs machte aus, dass ich den potenziellen Kunden meine Energie und Begeisterung zeigte. Minh fand das gut und versuchte diese Eigenheit in mir zu verstärken. Er half mir, meine persönliche Art des Umgangs mit Menschen zu entwickeln, an der ich bis heute festhalte.

Später, während meiner Sportlerlaufbahn, war ich einmal in einer Situation, in der mir klar wurde, dass ich Hilfe brauchte. Chris, der letzte Mentor, von dem ich hier erzähle, war Mitglied bei NCFIT und hatte große Erfahrung als Triathlet. Und Triathlon war ein Bereich, in dem ich definitiv Hilfe gebrauchen konnte!

Meine Ergebnisse bei den Wettkämpfen der Games zeigten, dass ich fast überall unter den besten Zehn war. Ausreißer nach unten waren die Ausdauersportarten, bei denen ich immer ganz hinten landete. Ich wusste, dass ich gegen diese Schwäche etwas tun musste, wenn ich zurück aufs Siegertreppchen wollte. Ich begegnete Chris 2012, und er krempelte meine Taktik völlig um.

2011 wurde ein Triathlon in Camp Pendleton angekündigt. In der Nacht zuvor konnte ich vor lauter Nervosität nicht schlafen, und Ashley hatte viel Mühe, mich zu beruhigen.

Zwei Jahre später, 2013, trat ich zu mehreren Ausdauerwettbewerben mit dem verdienten Selbstvertrauen an, dass ich es schaffen würde. Das Langstreckenlauf-, Schwimm- und Radfahrtraining hatte sich ausgezahlt, ebenso, dass ich gelernt hatte, wie man sich gegenüber den Konkurrenten verhält.

Chris hatte mir zum Beispiel beigebracht, »das Gummiband zu zerreißen«. Ich benutze diesen Vergleich noch heute im Geschäftsleben.

Nehmen wir an, aus einer Gruppe Wettläufer brechen zwei Teilnehmer aus und rennen Kopf an Kopf der Gruppe voraus. Den übrigen Teilnehmern geht plötzlich auf, dass sie die Spitzengruppe sowieso nicht mehr einholen können, und sie fangen an, stattdessen um den dritten Platz zu kämpfen. Die beiden Spitzenläufer vergessen sie dabei völlig.

Das Ziel dabei ist, das Gummiband zwischen dem Spitzenläufer und dem zweiten zu zerreißen. Wenn zwei Läufer dicht hintereinander liegen, hilft es dem zweiten, wenn er sich ein Gummiband vorstellt, das sie beide verbindet. Der hintere Läufer hält sich damit mental und physisch in Gang. Wenn der Abstand größer als sechs oder sieben Meter wird, hört der hintere Läufer dann auf, noch mit dem vorderen zu wetteifern. Mit anderen Worten, das Band ist zerrrissen, und der hintere Läufer kämpft jetzt darum, den zweiten Platz zu behalten, und versucht, sich nicht von denen überholen zu lassen, die um Platz drei kämpfen.

Diese Mentalität lässt sich auch im Geschäftsleben beobachten. Wenn man sich eine so starke Marktposition erobert hat, dass die Konkurrenten nicht mehr versuchen, einen zu überholen, sondern nur noch versuchen, ihren eigenen Platz zu halten, hat man das Gummiband zerrissen.

Das ist in gewisser Weise das Wesen des AMRAP-Prinzips. Es geht nicht darum, so lange wie möglich zu schuften, bis man vor Erschöpfung umkippt, sondern darum, möglichst viel aus der Zeit herauszuholen, die man zur Verfügung hat. Man könnte hier von einem ergebnisorientierten statt einem zeitorientierten System sprechen.

Von meinen Mentoren habe ich viel gelernt. Arbeite nicht so viel, dass deine Familie leidet. Setze deine Zeit klug ein. Verurteile niemanden. Behandle alle Menschen respektvoll. Begrüße alle Neulinge mit einem freundlichen Lächeln und ermutigender Energie. Setz ein bisschen Humor ein, um Barrieren zu überwinden. Zeig den Kunden, dass du für sie da bist. Lass ihnen Raum und Zeit, selbst zu entscheiden.

Letztlich läuft es darauf hinaus, dass man den Kunden freundlich und respektvoll behandelt, damit er sich in einer Umgebung, die zugegebenermaßen einschüchternd wirken kann, wohlfühlt. Ein Lächeln und positive Energie sind die beste Art, das rüberzubringen.

Minh brachte mir bei, dass man zum Verkaufen echte Leidenschaft braucht. Falls du mir je begegnet bist, dann weißt du, dass ich eines ganz sicher bin: begeistert. Ich freue mich wirklich, wenn ich mit jemandem über Fitness sprechen kann. Das war schon immer so und wird weiterhin so bleiben. Dadurch war mein Verkaufsgespräch einfach ehrlicher. Ich fand es wirklich toll, neue Kunden auf den Weg zur Fitness zu bringen. Meine Verkaufsstrategie – wenn man sie so nennen will –, war einfach: lächeln und zuhören. Wenn ich herausfand, was einen Kunden dazu gebracht hatte, ins Fitnessstudio zu kommen, also seine Motivation entdeckte, dann konzentrierte ich mich darauf. Ich veranschaulichte ihm, wie das Training ihm helfen konnte und wie wichtig es ist, fit und gesund zu leben.

> *Falls du mir je begegnet bist, dann weißt du, dass ich eines ganz sicher bin: begeistert.*

Wenn ein potenzielles Mitglied nicht gleich beim ersten Gespräch einen Vertrag abschloss, war das auch kein Problem. Ich zeigte nie Enttäuschung oder wurde schnippisch. Ich ließ die Leute vielmehr wissen, dass sie mich jederzeit anrufen könnten, falls sie es sich anders überlegten. Das war nicht nur vernünftig, sondern auch gut fürs Geschäft. Interessant, wie oft sich diese beiden Eigenschaften decken! Viele von denen, die sich zuerst nicht für eine Mitgliedschaft hatten entschließen können, kamen nämlich zwei Monate, ein halbes oder ganzes Jahr oder noch später wieder. Dieser Ansatz zahlte sich aus; die Kunden fragten gezielt nach mir und sprachen mit ihren Freunden und Arbeitskollegen über mich. Darauf war ich ziemlich stolz. In wenigen Jahren avancierte ich vom Handtuchholer hinter dem Rezeptionstisch zu Minhs größtem Konkurrenten im Verkauf.

Ich machte also gutes Geld und bildete mir ordentlich etwas darauf ein. Ich kam in Schwung und fing an, meinen gesamten Tagesablauf und meine Lebensweise auf die Optimierung meiner Verkaufsergebnisse einzustellen. Vormittags ging ich zum Unterricht, nachmittags zum Training, und abends verkaufte ich Mitgliedschaften, bis das Fitnessstudio schloss. Im Rückblick sehe ich jetzt, dass ich damals schon das AMRAP-Prinzip anwandte, auch wenn ich es noch nicht wusste. Alle Bestandteile waren schon vorhanden – ich teilte mir den Tag in klar definierte Zeitfenster ein, in denen ich mich auf eine bestimmte Aufgabe konzentrierte, und ging jede davon entschlossen an. Am wichtigsten war aber, dass in mir eine Leidenschaft brannte. Ich kämpfte für ein angenehmes Leben mit Ashley und fand langsam Gefallen daran, mein eigener Chef zu sein.

Damals beflügelte es mich, viel Geld zu verdienen. Ich konnte mit Ashley zusammen verreisen und sie zum Essen einladen. Unsere Beziehung wuchs, und ich sparte bereits für die Eheringe. Ich gewann mehr und mehr Freiheit und musste meine Eltern nicht mehr mit Bitten um Geld

> *Am wichtigsten war aber, dass in mir eine Leidenschaft brannte.*

belasten. Das war schon mal ziemlich gut. Allerdings lasse ich mich bis heute nicht von Geld bestimmen. Geld ist Mittel zum Zweck, man braucht es nun mal, aber wenn man nicht aufpasst, kann es einen auffressen.

Ich habe übrigens heute noch Kontakt zu Joe und Minh. Sie sind ganz die Alten. Joe ist immer noch als Unternehmer in San José erfolgreich. Und Minh – na ja, Minh ist doch nicht mehr ganz der Alte. Er verkauft keine Fitness-Abonnements mehr. Er verkauft gar nicht mehr, was für Minh schon ziemlich komisch klingt. Aber er hat ausgesorgt und muss nicht mehr arbeiten, sondern genießt sein Leben.

Die Motivation ist dein Anker

Jedes Ziel, das es wert ist, erreicht zu werden, lässt sich nur mit viel Einsatz erlangen. Manchmal segelt man einfach so dahin, und die Welt ist in Ordnung. Dann aber fühlt es sich an, als stürze sie ringsum zusammen, und du willst alles andere lieber als weitermachen. Eine starke Motivation für jeden Fokus, auf den du dich konzentrierst, ist in solchen schwierigen Zeiten sehr wichtig. Sie hilft dir, harte Zeiten, schlechte Tage und Niederlagen zu überstehen. Sie ist sozusagen eine Extrabatterie mit Starterkabeln, und wenn sie stark genug ist, kannst du schwierige Phasen vielleicht sogar wertschätzen, weil sie dir die Möglichkeit geben, an ihnen zu wachsen.

Im Juli 2009 erlebte ich eine weitere schwierige Prüfung meiner Entschlossenheit. Ich war damals amtierender CrossFit-Games-Meister, und mitten im ersten Wettkampf der CrossFit Games 2009 fand ich mich plötzlich vor eine Wahl gestellt.

Ich hatte fünf Meilen (etwa acht Kilometer) eines Sieben-Meilen-Geländelaufs (etwa zehn Kilometer) hinter mir und dachte, ich sterbe gleich. Die Musik auf meinen Ohrhörer hatte ich so weit aufgedreht wie nur möglich, um das Geräusch meines keuchenden Atems zu übertönen. Ich kroch inzwischen mehr auf allen vieren als dass ich lief und griff nach Grasbüscheln, um mich weiterzuziehen. Dabei holte ich mir, dies nur nebenbei, einen Giftefeu-Ausschlag, der sich bei unserer Hochzeit, die kurz danach stattfand, interessant auswirkte!

Natürlich hatte ich Rennen über diese Streckenlänge schon bewältigt, auch unter härteren Bedingungen. Aber dieses Mal war der Stress so stark, dass er jegliches Training zunichtemachte. Es ging um alles, und mein Körper schaltete ab. Die Anstrengung, die laute Musik in meinen Ohren und der Drang, um jeden Preis zu siegen, kamen zusammen. Als ich in die letzte Etappe ging, brach ich zusammen. Auf einmal lag ich auf dem Boden, verlor das Bewusstsein und atmete kaum noch.

Zufällig geschah das vor den Augen meiner Angehörigen und Freunde und mehrerer Dutzend NorCal-CrossFit-Mitglieder. Ich mag mir gar nicht vorstellen, was dabei in Ashley vorging. Der Mann, den sie heiraten wollte, war gerade umgefallen. Und er bewegte sich nicht mehr.

Ich weiß noch, wie ich langsam in die Wirklichkeit zurückkehrte. Der Direktor der CrossFit Games, Dave Castro, beugte sich über mich und drängte: »Jason, machst du weiter? Wenn nicht, sind die Spiele für dich vorbei!« Ich brauchte eine Minute, um zu verstehen, worum es ging, aber als sich der Nebel verzog, schaffte ich es zu antworten, »Auf jeden Fall mache ich weiter.« Ich mühte mich auf die Beine zurück und stolperte an den Rand der Strecke, wo ich einem unbekannten Zuschauer die Wasserflasche abnahm. (Entschuldigung, unbekannter Zuschauer! War sicher ein bisschen grob von mir, aber darauf habe ich in dem Moment nicht geachtet.) Auf den nächsten paar hundert Metern dachte ich immer nur an den nächsten Schritt. Jeder einzelne war wichtig, und jeder war ein Kampf. Ich grübelte nicht, ich bemitleidete mich nicht ... mein Schalter stand einfach auf WEITERMACHEN. Ich kam ins Ziel.

Allerdings als einer der Letzten. In den folgenden Wettkämpfen musste ich mich in der Gesamtklassifikation wieder nach vorn arbeiten und kämpfte um jeden Punkt, genau so, wie ich mich diesen Hügel hinaufgearbeitet hatte. Am Ende war ich dann von einem der hintersten Plätze immerhin wieder auf Platz fünf in der Abschlusswertung gekommen. Und ich erhielt zusätzlich den Preis *Spirit of the Games*, den jedes Jahr derjenige Teilnehmer bekommt, der das beste Beispiel für Einsatz, Kameradschaft und Durchhaltevermögen abgibt, wofür CrossFit steht.

> *»Jason, machst du weiter? Wenn nicht, sind die Spiele für dich vorbei! « –*
> *»Auf jeden Fall mache ich weiter.«*

Ich machte damals nicht wegen des Preisgelds weiter oder um mehr Follower in den sozialen Netzwerken einzuheimsen. Meine Entscheidung wurde von dem tiefen, brennenden Verlangen bestimmt, das, was ich mir vorgenommen hatte, auch zu Ende zu bringen. Ich tat es um meiner Motivation willen. Alle Opfer, alles Training, alle schlaflosen Nächte zuvor hatten mich auf diesen einen Augenblick vorbereitet. Er war eine Probe. Ich glaube, niemand hätte es mir verübelt, wenn ich aufgegeben hätte. Aber ich selbst hätte es mir nie verziehen. Ich bin diesen Moment im Geist immer wieder durchgegangen, Tausende Male. Wenn ich mich mit Selbstgesprächen anfeuere, rufe ich mir oft Daves Worte zu: *Jason, machst du weiter?*

Auf jeden Fall mache ich weiter!

Die Games waren ein Gesamttest meiner Entschlossenheit, die Leistungsfähigkeit meines Körpers auszutesten, mich mit den Besten zu messen und so letztlich ein hohes Maß an Anstrengung gegen Wachstum einzutauschen. Meine Motivation im Wettkampf war jetzt, meine früheren Ergebnisse zu übertreffen und die Grenzen meiner körperlichen Leistungsfähigkeit zu erweitern. Ich wollte mehr. Fitness war schon immer eine der wichtigsten Prioritäten in meinem Leben. Schon als Jugendlicher trainierte ich gern, um besser auszusehen und mich besser zu fühlen. Damals fuhr ich BMX-Rennen. Zur Vorbereitung stellte ich das Bike auf Rollen und fuhr in der Garage vor mich hin, während ich mir *Enema of the State* von Blink 182 in Endlosschleife anhörte. Mir war schon früh klar, dass es an mir lag, ob ich genug trainierte, und mein Abschneiden im Rennen zeigte mir, wie entschlossen ich war.

Meine Begeisterung für Fitness erreichte neue Höhen, als ich an den CrossFit Games teilnahm. Hier dabei zu sein war fast ein Jahrzehnt lang ein unglaubliches Abenteuer für mich. Ich hatte die Ehre, sieben Mal als Einzelkämpfer und ein Mal als Angehöriger einer Mannschaft teilzunehmen. Jedes Jahr überlegte ich, ob ich bereit war, im nächsten Jahr wieder mitzumachen. Und immer lautete meine Antwort: *Auf jeden Fall.* Ich war hochmotiviert, um den Sieg zu kämpfen, und ich wollte mir beweisen, dass ich mit den Besten mithalten konnte.

Wenn du nicht vom Verlangen nach etwas angetrieben wirst, das du wirklich aus ganzer Seele erreichen willst, dann ist es leicht aufzugeben, wenn es unangenehm wird. Denk an ein paar schwierige Work-outs (oder Vorstandssitzungen) zurück, die hinter dir liegen. Hast du dich durch die Anstrengung gekämpft, so gut du konntest? Oder hast du dich außer Atem vornübergebeugt, deine Shorts (oder die Anzughose) hochgezogen, dich nach den Leuten um dich herum umgeschaut, einen Schluck Wasser getrunken und bist *dann* erst zurück an die Arbeit gegangen? Mir ist das auch schon passiert. Ich will dir damit sagen, dass du das starke Verlangen, das du einsetzen musst, um deine Fitnessziele zu erreichen, auch im Geschäftsleben, in der Beziehung, im Leben überhaupt brauchst. Du kannst nicht einfach aufhören, sobald es anstrengend wird.

Das einzige Mittel aber, mit dem du diese Motivation in sinnvollen Fortschritt umsetzen kannst, ist harte Arbeit. Du kannst noch so entschlossen sein, schwierige Bedingungen zu überwinden und dein Ziel mehr als alles andere in der Welt erreichen zu wollen. Du kannst, kurz gesagt, wirklich stark und leidenschaftlich motiviert sein, aber das genügt nicht. Motivation allein reicht nicht aus, Wissen allein auch nicht und gute Ratgeber allein ebenso wenig.

All das brauchst du zwar, aber dein Leben verändern kannst du damit nur, wenn du die Zähne zusammenbeißt und die nötige Arbeit investierst.

> *Du kannst nicht einfach aufhören, sobald es anstrengend wird.*

Ich rede viel über Fahrräder, ich weiß, aber ein Fahrradbeispiel muss ich noch anbringen. Du hast vielleicht das beste, schnellste Bike der Welt. Du hast einen unschlagbaren Plan für das 30-Meilen-Rennen. Du hast deine Ausrüstung, deine Ernährung gut im Griff und berätst dich mit den besten Coaches der Welt. Aber nichts davon, so toll das alles auch ist, treibt die Pedale an. Treten kannst du nur selbst, und das ist harte Arbeit.

Wie gut du dich unter ungünstigen Umständen schlägst, ist ein deutliches Anzeichen dafür, wie weit du mit deinem Ziel im

Einklang bist – und ob du es überhaupt klar definiert hast. Wenn es plötzlich anstrengend wird und du keine Lust mehr hast, dich noch weiter abzuquälen ... dann willst du es einfach nicht intensiv genug, und du musst dich neu ausrichten. Ein guter Ansatz für eine Manöverkritik nach einer Niederlage ist die Frage, ob du wirklich hinter deinem Ziel stehst. Wenn du ständig Fehlschläge erlebst, analysiere deine Motivation und deinen Fokus. Manchmal braucht man Hilfe, um sich durch Schwierigkeiten hindurchzuarbeiten – das ist in Ordnung. Um deine Motivation umzusetzen, such dir einen guten Mentor, einen Coach oder einen Freundeskreis, der dir hilft, den besten Weg zu finden.

PRAXISÜBUNG

Achtsamkeits-AMRAP (15 Minuten)

Stell einen Timer auf 15 Minuten und schreib die Namen von fünf oder sechs Menschen in deiner Nähe auf, die hart arbeiten können und dein Interesse für Selbstoptimierung und gegenseitige Unterstützung teilen. Dann grenze die Liste auf zwei oder drei Personen ein, die durch ihre Einstellung oder ihre Beziehung zu dir daran interessiert sein könnten, eine Arbeitsgemeinschaft zum Austausch von Erfahrungen und neuen Ideen aufzubauen. Schreib ihnen eine E-Mail, um ihr Interesse daran auszuloten, sich in dieser oder der nächsten Woche mit dir zu treffen, um darüber zu sprechen, wie man im Leben, bei der Arbeit und beim Training sein Potenzial ausschöpft. Vielleicht kommt nur ein einziger Termin zustande, aber das hilft schon. Wenn du allerdings ein sinnvolles, gemeinschaftliches und positives Gespräch zustande bringst, ist es mehr als wahrscheinlich, dass die Teilnehmer wieder zusammenkommen wollen.

Trainings-AMRAP (12 Minuten):

Such dir einen Partner und stell die Uhr auf 12 Minuten. Während deines Work-outs agiert der Partner als Helfer. Du absolvierst einen Durchgang, tauschst dann mit deinem Partner den Platz, und er absolviert einen Durchgang. So wechselt ihr euch die ganzen 12 Minuten über ab. Jeder Durchgang besteht aus 10 Step-ups, 12 Sit-ups und 14 Hampelmännern.

Für den Step-up brauchst du einen stabilen Gegenstand als Stufe, etwa eine Kiste, eine Bank oder eine Trittleiter. Stell dich direkt davor und setze zuerst den einen Fuß darauf und wieder auf den Boden, dann den anderen – also beide Beine abwechselnd. Jeder Fußwechsel zählt als eine Rep.

Für die Sit-ups setz dich auf den Boden mit bequem ausgestreckten Beinen (durchgestreckt, gekreuzt oder gebeugt). Lehne dich langsam zurück, bis deine Schultern den Boden berühren, dann setz dich sofort wieder auf, bis dein Oberkörper im rechten Winkel zum Boden steht. Jedes Aufsetzen ist eine Rep.

Für den Hampelmann stell dich mit gespreizten Armen und Beinen hin. Spring hoch und schlage Füße und Hände gleichzeitig zusammen. Jedes Zusammenschlagen zählt als eine Rep.

Jasons Profi-Tipp: Partner-Work-outs machen Spaß! Bei diesem hier mach dir keine großen Gedanken um deine Punktzahl, sondern achte vielmehr darauf, dass du dich gut mit deinem Partner verständigst und dass ihr beide Spaß an der Übung habt. Vergiss nicht, dabei gute Musik zu spielen, und am Ende gebt ihr euch beide ein paar zünftige High-fives!

KAPITEL 5

DIE KUNST DES GANGWECHSELS

Ein Baustein des AMRAP-Prinzips, auf den ich viel Zeit und Nachdenken verwandt habe – und immer noch verwende –, ist das Konzept, sich im Verlauf des Tages nacheinander auf verschiedene Tätigkeiten zu konzentrieren. Es begann bei diesem Spaziergang 2011 mit Ava und Ashley und wurde mir in den folgenden Jahren immer wichtiger. Ich übertreibe nicht, wenn ich sage, dass die Fähigkeit zum Gangwechsel der Schlüssel zum AMRAP-Prinzip ist, besonders in meinem Fall. Hart zu arbeiten gewöhnte ich mir schnell an, weil ich in meinen prägenden Jahren so viele gute Vorbilder hatte, aber mich zur richtigen Zeit auf das Richtige zu konzentrieren, lernte ich nicht so leicht.

Jeder, der wichtige Ziele in verschiedenen Lebensbereichen verfolgt – Ausbildung, Beruf, Familie, Geld, Geist –, weiß, dass es nicht einfach ist, Prioritäten zu setzen und sich darauf zu konzentrieren. Nur zu leicht wird einem alles zu viel, und es ist ganz normal, dass andere Bereiche leiden, wenn man sich in einem hervortut. Ich hatte damit dieselben Probleme wie alle anderen.

> *Die Fähigkeit zum Gangwechsel ist der Schlüssel zum AMRAP-Prinzip.*

Als meine Familie durch Avas Geburt anwuchs, unser Unternehmen auf den Weltmarkt vorstieß und die CrossFit Games immer
schwieriger wurden, war es wichtiger denn je, dass ich mir den Tag
streng einteilte.

2010 wurden die CrossFit Games zum ersten Mal im StubHub
Center des kalifornischen Carson ausgetragen. Das war eine große
Sache für die CrossFit-Gemeinde. Reebok und CrossFit hatten gerade einen Vertrag abgeschlossen, der Reebok zum Namenssponsor
der Games machte. Die Preisgelder vervierfachten sich gegenüber
dem Vorjahr, und wir wurden jetzt nicht mehr auf einer Ranch im
Nirgendwo ausgesetzt – wir hatten uns einen Platz als Profisportler
in einer anerkannten Sportart gesichert. Es ging diesmal also um
viel mehr als früher. Nach dem Meistertitel 2008 und dem fünften
Platz 2009 rechnete ich mich zu den Favoriten.

Ich war zuversichtlich, dass mein Vorbereitungstraining 2009
und 2010 Erfolg haben würde und fühlte mich in der Form meines
Lebens. Aber als ich nach Carson fuhr, stimmte auf einmal etwas
nicht. Ich war ständig ängstlich und bekam meine Nervosität nicht
in den Griff. Ich wusste es damals nicht, aber ich denke, der Unterschied zwischen *behauptetem* und *verdientem* Selbstvertrauen
spielte eine große Rolle dabei.

Ich glaubte zwar, richtig hart trainiert zu haben, aber hatte ich
das wirklich? War ich genauso gut vorbereitet wie meine Konkurrenten? Es würde sich bald genug herausstellen.

Ich gehörte zur letzten Teilnehmergruppe am Abend. Wir fanden uns unter Flutlichtern wieder, ESPN-Kameras übertrugen
jede unsere Bewegungen. Als es losgehen sollte, ertönte die Na-
tionalhymne, und eine Staffel Düsenflugzeuge brauste über das
Stadion. Die Zuschauer tobten. Ich war begeistert!

Vielleicht ein bisschen zu sehr. Nachdem ich die ganzen Spiele über an der Spitze gelegen und nur noch zehn Durchgänge
vor mir hatte, wollte mein Körper auf einmal nicht mehr. Es war
dasselbe wie 2009. Ich weiß nicht, ob es an der Angst lag oder an
der riesigen Zuschauermenge, an meiner Überanstrengung oder

an allem zusammen, jedenfalls lag ich nach dem Wettkampf eine Stunde lang flach. Ich konnte mich kaum bewegen. Als deutlich wurde, wie ernst es war, trug man mich hinaus. Einige Stunden später wurde ich in mein Auto gehoben, weil ich zu schwach war, selbst einzusteigen. Noch eine ganze Weile nach dem Wettkampf, als ich in ein Restaurant etwas essen ging, war ich wie betäubt.

Was folgte, war ein schwerer psychischer Rückschlag. Ich war ganz offensichtlich draußen – sowohl mental wie physisch. In den folgenden Tagen standen noch eine Menge Wettkämpfe an, und ich wusste, dass ich meine Einstellung in den Griff kriegen musste. Ich schwor mir, dranzubleiben und die Spiele zu Ende zu bringen, danach aber herauszufinden, was falsch gelaufen war und warum.

Ich hielt meinen Schwur und landete zwar auf dem schlechtesten Gesamtwertungsplatz meiner Laufbahn, dem sechzehnten, aber ich hatte durchgehalten. Als ich mich erholt hatte, überdachte ich meine Leistung und gestand mir dann auch rasch ein, dass ich genau wusste, was ich falsch machte.

Ich war verheiratet und wollte unbedingt eine Familie gründen. Mein Geschäft lief glänzend, und ich steckte immer mehr Kraft in mein Unternehmen. Das Problem, so erkannte ich schließlich, bestand darin, dass ich meinen Tag nicht strikt auf die verschiedenen Lebensbereiche verteilte. Dadurch konnte ich mich beim Training nicht so absolut konzentrieren, wie es nun mal nötig ist, wenn man an der Spitze mithalten will. Ich verzettelte meine Kräfte und meine Aufmerksamkeit wahllos. Ich führte geschäftliche Telefongespräche und versuchte direkt davor oder danach zu trainieren, und das klappte nicht.

Abgesehen von den negativen Faktoren, die außerhalb meiner Kontrolle lagen, waren das zwei wichtige und unmittelbar relevante Bereiche, an denen ich selbst etwas verbessern konnte. Während der folgenden vier Jahre schlug ich mich in den Wettkämpfen sehr gut, und ich führe das größtenteils darauf zurück, dass ich darauf achtete, rechtzeitig den Gang zu wechseln und mich immer auf die Aufgabe zu konzentrieren, die gerade anlag.

Wie man den Gang richtig wechselt

Ich kannte den Bereich, auf den ich mich konzentrieren wollte, aber das reicht nicht; man muss analysieren, Prioritäten setzen und sich dann daran halten. Es ist schwierig, gleichzeitig auf mehrere Endergebnisse hinzuarbeiten, die man erreichen will, ohne effektiv zwischen ihnen hin- und herzuschalten. Ist man aber geistig bei einem Ziel, während man auf ein anderes hinarbeitet, scheitert man unweigerlich. Der Gangwechsel sorgt für die mentale und physische Umorientierung, die man braucht, um sich auf die Aufgabe zu konzentrieren, die gerade anliegt.

Nehmen wir meine typische Morgenroutine als Beispiel. Ich beginne jeden Tag um fünf Uhr früh – das ist der erste Gang. Um diese Zeit schlafen meine Frau und die Kinder noch, und ich konzentriere mich auf das Training.

Vor ein paar Jahren habe ich meine Garage zu einem Heimfitnessstudio umgebaut. Man möchte vielleicht meinen, dass jemand, der eine internationale Fitnessstudio-Kette betreibt, sein Privatstudio mit einem Haufen aufwendiger Maschinen bestückt, aber das brauche ich gar nicht. Die Ausstattung ist sehr einfach. Ein bisschen Eisen, ein paar Gewichte, eine Klimmzugstange ... mehr brauche ich nicht, um effektiv zu trainieren.

Ich wärme mich langsam auf und strenge mich richtig an. Während des Trainings denke ich an nichts als an die Übung, die gerade ansteht. Ich beantworte keine E-Mails, gehe nicht ans Telefon und schaue nicht fern. Mein Fokus ist einzig und allein darauf gerichtet, eine halbe bis eine Stunde so hart zu trainieren, wie ich kann. Alles andere lasse ich hinter mir, bei jedem Work-out. Ich habe keinen Gang, in dem ich nur so dahinsegele. Habe ich das Work-out hinter mir, bin ich bereit, den restlichen Tag anzugehen.

Gegen sechs Uhr morgens komme ich ins Haus zurück und wechsele in den Vater-Modus – das ist der zweite Gang. Später am Tag gehe ich dann ins Büro und gebe Unterricht in den NCFIT-Studios.

Das Familienleben ist mir heilig. Wenn meine Frau und die Kinder aufwachen und den Tag beginnen, kümmere ich mich nur noch um sie. Ich denke nicht mehr an mein Work-out und wie ich dabei hätte besser oder schneller sein oder mehr Gewicht hätte stemmen können – das ist dann unwichtig und aus meinem Sinn. Ich würde nur wertvolle Zeit mit der Familie

> *Geistige Anwesenheit ist nicht nur eines der besten Tools für Produktivität und Konzentration, sondern auch eine der größten Belohnungen des Lebens.*

vergeuden, wenn ich mir währenddessen Gedanken um Fitness machte. Das ist auch schon die Kunst des Gangwechsels: Lebe im Hier und Jetzt. Geistige Anwesenheit ist nicht nur eines der besten Tools für Produktivität und Konzentration, sondern auch eine der größten Belohnungen des Lebens. Selbst in der geringsten Aufgabe findet man damit Erfüllung und Sinn. Du wirst lernen, das Leben im gegenwärtigen Moment zu lieben und langsam aufhören, in der Zukunft oder der Vergangenheit zu leben.

An Menschen, die unglücklich, unerfüllt oder erfolglos sind, fällt oft auf, dass sie unfähig sind, im gegenwärtigen Moment zu leben. Oft machen sie sich bittere Selbstvorwürfe wegen der Vergangenheit, trauern der guten alten Zeit nach oder grübeln, was sie alles hätten schaffen können, wenn nur ... Das ist ein verhängnisvoller Fehler. Sie machen sich nicht klar, dass sie mit dieser Einstellung niemals glücklich werden können. Was ich jetzt sage, klingt sehr gewagt, stimmt aber. Es ist fast – wenn nicht ganz – unmöglich, das wahre Glück zu finden, solange man nicht aufhört, in der Vergangenheit zu leben oder sich um die Zukunft zu sorgen. Ziele zu haben (die unweigerlich in der Zukunft liegen) und aus den eigenen Fehlern zu lernen (die in der Vergangenheit stattgefunden haben), ist natürlich sinnvoll, aber etwas ganz anderes. Wenn du merkst, dass du nur noch daran denkst, was früher war oder was passieren könnte – dann lass das sein, und zwar schnell.

Hoffe das Beste, rechne mit dem Schlimmsten

Wie ich schon erwähnt habe, hatte mein Vater ebenfalls Leukämie, als ich ungefähr 14 Jahre alt war. Er hat die Krankheit damals sehr gut vor uns verborgen, um seiner Familie keine Angst zu machen; er war beruflich viel unterwegs und ließ uns in dem Glauben, auf Reisen zu sein, während er in Wirklichkeit im Krankenhaus lag. Schließlich stieß er auf ein Medikament, das noch in der Testphase war, und begann eine Therapie damit. Es wirkte, und nach einigen Jahren war mein Vater krebsfrei. Das erzähle ich deswegen, weil es Jahre später wichtig werden sollte, als mir eine harte Lektion über die richtige Sichtweise erteilt wurde.

Es war einige Wochen, nachdem bei Ava Krebs festgestellt wurde. Wir hatten da schon begriffen, was für ein harter Kampf uns bevorstand. Ava war die erste Knochenmarksprobe entnommen worden, die für zweitägige Analysen ins Labor geschickt wurde. Der Augenblick, als das Ergebnis kam, war für Ashley und mich einer der traumatischsten während unserer Zeit in der Klinik.

Das Ergebnis der Knochenmarksanalyse bestimmt in der Onkologie die weitere Therapie. Die Fachklinik stellt eine Art Profil für den Patienten und seine Familie auf, in dem ein Plan für die weitere Behandlung, die zu erwartenden Nebenwirkungen und mögliche Komplikationen aufgeführt sind. Als es so weit war, wurden Ashley, mein Vater und ich in einen Raum gebeten, wo man uns einen dicken Aktenordner mit Avas Profil übergab. Die Atmosphäre war gedrückt – man spürte, wie ernst die Situation war.

Der Arzt erklärte uns Avas Profil. Bei solchen Besprechungen werden einem vorsichtshalber immer die schlimmstmöglichen Szenarien geschildert. Avas Haar würde ausfallen, sie würde nicht mehr zur Schule gehen können und ständig eine Atemmaske zum Schutz ihres geschwächten Immunsystems tragen müssen und so weiter. Der Gedanke daran, was unser kleines Mädchen alles durchmachen musste, überwältigte uns, und ich musste mich ziemlich zusammenreißen. Ich wappnete mich gegen alles, was da auf uns zukommen konnte, weil ich nur dann stark genug war, diese Sache gemeinsam mit Ava durchzustehen.

Mein Vater ist ein besonnener und kluger Mann und hatte dasselbe ja schon erlebt, als er selbst an Krebs erkrankt war. Während des Gesprächs wandte er sich mir zu und sagte, »Keine Sorge, Jason; so schlimm, wie sie einem hier erzählen, wird es nicht.«

Das war nicht das, was ich jetzt hören wollte. Ich konnte Hoffnung, Trost oder das Versprechen von Erleichterungen nicht gebrauchen. »Du meinst es gut, Dad«, erwiderte ich daher, »und ich hoffe, du hast recht, aber jetzt im Moment muss ich mich auf das Schlimmste einstellen. Das ist die Information, die wir bekommen, und ich muss davon ausgehen, dass sie stimmt.«

Natürlich behielt mein Vater dann tatsächlich recht, und die Behandlung verlief nicht so extrem für Ava, wie die Ärzte angekündigt hatten, auch wenn es natürlich schwer genug war. Sie musste wirklich lange eine Atemschutzmaske tragen und lag 27 Mal in Vollnarkose.

Aber die Ärzte wollten uns ja, indem sie uns den schlimmstmöglichen Verlauf schilderten, nur darauf vorbereiten, worauf wir uns einstellen mussten. Ashley und ich mussten begreifen, wie ernst die Lage war, um zu verstehen, was getan werden musste, und wenn wir unvorbereitet gewesen wären, hätten wir dem Behandlungserfolg nur im Weg gestanden.

Auch im AMRAP-Prinzip kann es sich auszahlen, mit dem Schlimmsten zu rechnen und sich von vornherein klarzumachen, was alles schiefgehen kann. Warum sollte man sich auf unerfreuliche Ereignisse nicht vorbereiten, wenn man es doch kann? Natürlich darf man nicht die dünne Linie überschreiten, welche diese Vorgehensweise, sich auf alle Eventualitäten vorzubereiten, von einem mutlosen »Es klappt ja sowieso nicht« trennt.

Die richtige Perspektive in jeder Situation

Geistig anwesend zu bleiben und rechtzeitig den Gang zu wechseln ermöglicht dir auch, die richtige Perspektive zu gewinnen.

Wenn du dieses Meer befährst, ist deine Motivation der Leitstern; richte deinen Kurs nach ihm aus, und du wirst erreichen, was du dir vorgenommen hast.

Während Avas Krankheit war ich darauf angewiesen. Die langen Klinikaufenthalte strengten uns physisch und emotional sehr an. Ava zählte darauf, dass wir stets zuversichtlich und gut gelaunt waren, und die Situation machte mir das wirklich nicht leicht. Ich wusste, dass ich den Gang wechseln musste, um meine Kraft zu behalten, während ich an Avas Seite war.

Ein entscheidender Faktor ist dabei für mich, dass ich trainieren kann. Work-outs bringen mir Leben, Energie und Spannkraft. Wenn ich die hatte, konnte ich auch in Avas Krankenzimmer positive Energie ausstrahlen, das wusste ich. Um meine Aktivitäten klar zu trennen, legte ich die Work-outs auf den frühen Morgen oder den späten Abend oder schob sie im Krankenhaus ein, wenn Ava schlief oder eine lange Behandlung hatte – dann aber nur, wenn wir nicht die ganze Zeit bei ihr sein durften. Ich trainierte überall, wo es gerade ging: auf dem Parkplatz, im Ruheraum oder im Treppenhaus. Nach dem Work-out wechselte ich sofort wieder den Gang und kehrte zu meiner Familie zurück oder schaute nach meiner Tochter.

Dieses Umschalten geschieht schlagartig. Als ich an dieser Technik noch arbeitete und sie mir angewöhnte, rief ich mich oft selbst laut zur Ordnung – *Jason, konzentrier dich!* Dieser einfache Ausruf brachte mich dann in die Gegenwart zurück – und erschreckte wahrscheinlich jeden in Hörweite! Ich mache das heute noch manchmal. Jetzt, da es Ava wieder besser geht, ist mein Alltag auf andere Art hektisch. An den meisten Tagen ist mein Terminkalender lückenlos von morgens bis abends mit Statusberichten,

Meetings und Anrufen gefüllt. Ich bin gewöhnlich im Geschäfts-modus – das ist der dritte Gang. Wenn ich nicht aufpasse, werde ich leicht davon abgelenkt, indem ich darüber nachdenke, was gerade passiert ist oder was als Nächstes ansteht.

Für mich hat sich bewährt, die Termine in meinem Kalender höchstens auf eine Stunde anzusetzen. Nach dem Termin fasse ich dann die vergangene Stunde im Geist kurz zusammen, dann gehe ich sofort den nächsten Termin an. Diese Zusammenfassungen mache ich am liebsten stündlich, so oft wie möglich am Tag, selbst wenn es nur ein kurzes Atemholen ist, um meine Gedanken zu ordnen. Wenn du an unserem Büro oder einem unserer Fitnessstudios vorbeikommst, kann es gut sein, dass du mich hörst, wie ich mir selbst zurufe – Jason, konzentrier dich!

Als ich mir diese Technik angewöhnte, rief ich mich oft selbst laut zur Ordnung – Jason, konzentrier dich!

Los jetzt!

Wenn du mit mir zusammen trainieren würdest, könntest du mich sagen hören »Gotta go!« – Los jetzt! Als ich für die CrossFit Games trainierte, rief ich mir das selbst so oft zu, dass meine Trainings-partner anfingen, vom Gotta-go-Plan zu reden. Damit versuche ich nichts weiter als schnellere Übergänge zu erreichen, ob zwischen den einzelnen Übungen in einem Durchgang oder zwischen den Durchgängen. Um das Beste aus unserem Training oder Work-out herauszuholen, mussten wir uns ranhalten und möglichst schnell wechseln. Wenn wir uns bei den Übergängen Zeit ließen, lief die Uhr ja weiter, und wir waren langsamer als nötig. Nicht, weil wir nicht fit genug gewesen wären, sondern – faul. Genauso mussten wir vermeiden, zu lange im Fitnessstudio herumzutrödeln, während wir schon beim Trainieren hätten sein können. Diese Zeit fehlte uns dann später am Tag. Ein Großteil meines Trainingserfolgs geht auf zwei Faktoren zurück: Erstens trainierte ich so hart wie ich konnte, weil ich gewinnen wollte, und zweitens verlor ich so wenig Zeit wie möglich an Übergänge oder Ruhepausen. Das AMRAP-Prinzip und der Gotta-go-Plan ergänzten einander vorbildlich.

Gangwechsel: Fitness, Familie und Geschäft

Genauso, wie man scheitert, wenn man sich zwar konzentriert, aber keine harte Arbeit investiert, scheitert man auch, wenn man zwar hart arbeitet, aber den Gangwechsel nicht beherrscht. Beim Gangwechsel kommt es zu einem großen Teil darauf an, dass man geistig und körperlich konzentriert und präsent ist. Wenn man zwischen verschiedenen Lebensbereichen umschaltet, bleibt man frisch und bringt die

Beim Gangwechsel kommt es zu einem großen Teil darauf an, dass man geistig und körperlich konzentriert und präsent ist.

bestmögliche Leistung. Während man sich auf einen Bereich konzentriert, muss man die ganze Zeit über diese Arbeitsethik durchhalten; das ist entscheidend.

Ein Gangwechsel kann ganz einfach sein. Ein Bauer beispielsweise bricht frühmorgens auf, um etwas auf seinem Land zu erledigen, kehrt zum Essen zu seiner Familie zurück und macht es am Tag darauf genauso. Er muss vielleicht nicht sehr oft wechseln, aber gerade dieses einfache Hin- und Herschalten zwischen Arbeit und Familie ist ein gutes Beispiel für den Gangwechsel. Es gibt viel kompliziertere Szenarien – ein alleinerziehender Vater oder eine alleinerziehende Mutter etwa, der oder die gleichzeitig im Vorstand eines Unternehmens sitzt. Er oder sie muss ständig mit den Prioritäten von Meetings, Terminen und Deadlines jonglieren, um sie mit den wechselnden Anforderungen für das Kind in Einklang zu bringen – Abliefern im sowie das Abholen aus dem Kinderhort, Arzttermine und natürlich ungestörte gemeinsame Zeit –, damit es nicht vernachlässigt wird. In diesem Beispiel sind wahrscheinlich häufige Gangwechsel über den ganzen Tag verteilt notwendig.

Ganz ungeachtet der persönlichen Situation muss man jedoch darauf achten, den Tag klar einzuteilen, wenn man die eigenen Ziele erreichen will. Ich habe dieses Prinzip auch erst allmählich entwickelt. Früher konnte ich mich nicht mit der Familie an den Esstisch setzen, ohne dass meine Gedanken ins Geschäftliche oder zum Training abwanderten. Da beherrschte ich den Gangwechsel und die Konzentration auf den gegenwärtigen Augenblick noch nicht gut. Inzwischen verlange ich mir selbst ab, jeden Tag in verschiedene Gänge einzuteilen, zu entscheiden, welchen Gang ich jeweils brauche, und so lange wie nötig dabei zu bleiben.

> *Ganz ungeachtet der persönlichen Situation muss man jedoch darauf achten, den Tag klar einzuteilen, wenn man die eigenen Ziele erreichen will.*

Das AMRAP-Prinzip hat dem Fitnesstraining viel zu verdanken. Deshalb kann man sie *außerhalb* des Trainings am besten üben, indem man sie *währenddessen* anwendet. Bei einem Work-out nach der AMRAP-Methode hat man eine bestimmte Zeitspanne, in der man so viel wie möglich schaffen soll. Ist das Ziel des Work-outs, so produktiv wie möglich zu sein, dann muss man genau einschätzen können, wie viel man sich zutrauen kann, welches Ziel man hat (kurzfristig beim Work-out, langfristig im Gesamttrainingsprogramm), was man bisher geleistet hat, wie gut man gerade in Form ist, welches Tempo das beste ist, um das vorherige Ergebnis zu übertreffen, in welchen Abschnitten des Work-outs man schneller vorgehen kann und in welchen man vorsichtig sein muss. Das ist wie im Leben selbst – nur ist dort die Aufgabe eine andere. Sonst ist alles wirklich gleich – warum also solltest du den Rest deines Lebens nicht genauso angehen wie ein ordentlich geplantes Work-out?

Nehmen wir ein Beispiel. Du hast fünf Minuten eines halbstündigen Work-outs hinter dir und merkst, dass du es übertrieben hast. Du hast zu schnell angefangen, dir zu viel zugetraut, dich ungeschickt bewegt, zu viele Reps vollführt, zu viel Gewicht aufgelegt – warum auch immer, jetzt verlassen dich die Kräfte. Du hast aber die Möglichkeit, das Work-out noch zu retten. Schluck deinen Stolz hinunter, fahr die Anforderungen auf ein realistisches Maß zurück, und stabilisiere dich nach dem AMRAP-Prinzip.

Es kann natürlich auch passieren, dass du nach den fünf Minuten des halbstündigen Work-outs merkst, dass du über dich hinauswächst! Du hast genau das richtige Tempo drauf, fühlst dich großartig und siehst dein Ziel in Reichweite. Glückwunsch! In diesem Fall hilft das AMRAP-Prinzip dir, dieses Hochgefühl auszunutzen und an deinem Ziel dranzubleiben. Achte auf die Uhr und die verstrichene im Verhältnis zur verbleibenden Zeit und versuche, das Tempo in der verbleibenden zu halten. Bewerte dabei ständig deine Leistung. Diese Rückmeldungen in Echtzeit helfen dir, beim Work-out möglichst gute Ergebnisse zu erzielen.

Im echten Leben, ob privat oder geschäftlich, ist es genauso. Auch hier hilft dir diese Übung dabei, dein Ziel zu erreichen. Oft denkt man ja erst nach einem Work-out – oder einem Ereignis im Leben – über die eigene Leistung nach. Natürlich ist so eine Manöverkritik auch wichtig und wertvoll; wenn man aber imstande ist, Taktik, Methode oder Tempo noch während des Ablaufs zu ändern, um doch noch Erfolg zu haben – warum sollte man es dann nicht tun? Es ist nicht immer leicht, denn oft sieht man den Wald vor lauter Bäumen nicht, wenn man mittendrin steht. Mit der Zeit und durch Übung wird es aber leichter. Je mehr du übst, je besser du dich auf die Gegenwart konzentrierst, desto eher erreichst du dein Ziel innerhalb der Zeit, die du dir gesetzt hast.

Das Leben bietet auch außerhalb des Fitnessstudios unendlich viele Gelegenheiten für einen Gangwechsel. Richtig angewandt ermöglicht er dir, in einer gegebenen Zeitspanne erstaunlich viel zu erledigen und dabei die ganze Zeit geistig präsent und konzentriert zu bleiben. Sofort in die Tat umsetzen kannst du das, indem du den Timer deiner Armbanduhr oder deines Mobiltelefons zu Hilfe nimmst. Wenn du das nächste Mal abwäschst, Unkraut jätest oder geschäftliche Unterlagen durchgehst, stell dir die Uhr auf eine bestimmte Zeit ein und leg los. Mal sehen, wie du dich schlägst, wenn du ein ganz klein bisschen unter Druck stehst, in einer gegebenen Zeit möglichst viel und gute Arbeit zu leisten. (Mach aber kein Geschirr kaputt, weil du dich beim Abwasch so abhetzt!)

> *Je mehr du übst, je besser du dich auf die Gegenwart konzentrierst, desto eher erreichst du dein Ziel innerhalb der Zeit, die du dir gesetzt hast.*

Wird die Aufgabe dadurch zu einer Herausforderung, die dir Spaß macht, oder sogar zu einem Spiel (heutzutage *Gamification* genannt)? Oder fängst du an zu schwitzen und bekommst womöglich Panik, weil du unter Zeitdruck stehst? Schaffst du mehr, als du erwartet hast, oder hast du doch den größten Teil der Zeit mit Herumscrollen in Instagram vertrödelt? Die Antworten darauf sind wertvolle Rückmeldungen. Wenn die Zeit abgelaufen ist, bewerte rasch deine Leistung und schalte um auf die nächste Aufgabe. Mit den Methoden des AMRAP-Prinzips hältst du deinen Geist unter Kontrolle. Deine Gedanken driften nicht mehr so leicht ab, und du lässt dich nicht mehr von der Arbeit ablenken, die du erledigen musst und willst. Meine größte Angst ist, dass ich in zehn Jahren aufwache und die Entscheidungen bereue, die ich heute treffe, und mir die Zeit zurückwünsche, die ich verschwendet habe. Indem ich geistig präsent bleibe, meine eigene Leistung laufend neu bewerte und wenn nötig den Gang wechsle, sichere ich mich gegen diese Möglichkeit ab.

PRAXISÜBUNG

Achtsamkeits-AMRAP (10 Minuten)

Stell einen Timer auf 10 Minuten und plane auf einem Blatt Papier den bevorstehenden Tag, und zwar vom Aufwachen bis zum Schlafengehen.

Dafür musst du dir im Voraus überlegen, welche Aufgaben anstehen, welche Essenszeiten du einhältst, wann du bei deiner Familie bist und wann du trainierst. Die Zeiteinheiten sollten eine halbe bis höchstens 2 Stunden umfassen, längere nur, wenn es unbedingt nötig ist. Auch wenn du einen Achtstundenblock Arbeitszeit einplanen musst, unterbrich ihn durch 5- bis 10-minütige Pausen, um dich zu erholen.

Setz dir das Ziel, deine Zeit und Aufmerksamkeit jeweils hundertprozentig der anstehenden Aufgabe zu widmen. Nimm den Plan ernst. Am Abend bewerte, wie gut du dich in der Ausführung daran gehalten hast. Wenn du dich in der Zeiteinteilung oder Konzentration noch verbessern musst, notiere es dir und schreib auch dazu, was genau falsch gelaufen ist.

Trainings-AMRAP (10 Minuten)

Stell einen Timer auf 10 Minuten und vollführe so viele Durchgänge aus einem 200-Meter-Lauf und 30 Sekunden Gehen zur Erholung wie möglich. Lege sowohl beim Laufen als auch während des Ausruhens im Gehen zwischendurch jede volle Minute eine Unterbrechung von 5 Burpees ein. Als Anfang des Work-outs mach 5 Burpees und beginne dann sofort zu laufen. Nach 1 Minute bleib stehen und mach weitere 5 Burpees und so weiter, bis die 10 Minuten vergangen sind.

Jasons Profi-Tipp: Für diese Übung brauchst du eine Armbanduhr. Auf die Uhr zu achten, ist ein wesentlicher Bestandteil des AMRAP-Prinzips. Du musst immer wissen, wo du in deinem Work-out, deiner Arbeit oder deinem Tagesablauf gerade stehst. Achte auch darauf, keine Burpees auszulassen!

KAPITEL 6

NEUBEWERTUNG AN WENDEPUNKTEN

Der letzte Baustein des AMRAP-Prinzips, die Neubewertung, beinhaltet eine intensive Selbstüberprüfung, um sicherzustellen, dass du auf dem richtigen Kurs bleibst. Mit der verstreichenden Zeit werden Lebensveränderungen und Ziele entweder erreicht oder nicht. Deine inneren Beweggründe und dein Leitstern, die Motivation, können sich verschieben, verändern oder anpassen. Das ist normal, weil sich im Lauf des Lebens immer neue Situationen ergeben. Eine rechtzeitige Neubewertung sorgt dafür, dass du dich darauf konzentrierst, worauf es ankommt, und alles Unwichtige ausschließt.

Solche umfassenden Selbstbewertungen musst du nicht täglich oder wöchentlich durchführen, sondern nur, wenn sich dein Leben dramatisch verändert oder wenn du ein langfristiges Ziel entweder erreichst oder aufgibst. Ich nenne diese entscheidenden Augenblicke *Wendepunkte*. An einem Wendepunkt hast du das Gefühl, das Universum wolle dir unbedingt etwas sagen – ob nun, dass du unbedingt weitermachen, die Richtung ändern oder sie nur ein wenig anpassen oder auch sofort aufhören sollst, hängt jeweils von Zeit, Ort und Lebensumständen ab. Manches kann man einfach nicht vorausplanen, anderes kann jederzeit eintreten. Dieser letzte

Baustein ist in gewisser Weise einfach die Bereitschaft, damit zu rechnen, dass sich die Umstände ändern können.

Wenn man eine neue Stelle angeboten bekommt oder die alte verliert, wenn man ein großes Ziel erreicht oder verfehlt, wenn ein Angehöriger krank wird oder stirbt, wenn man eine Partnerbeziehung beginnt oder beendet – sind das alles Beispiele für Wendepunkte, wie ich sie hier meine. An jedem bekommt man die Gelegenheit, neu zu bewerten, was wichtig ist – und, bedeutender noch, warum. Grundlage der Neubewertung ist die Einsicht, dass niemand von uns heute noch derselbe ist wie vor fünf Jahren und wir uns in fünf Jahren noch weiter fortentwickelt haben werden. Das Leben ist ständig im Fluss, und dabei müssen wir mithalten.

Für mich ist es sicher kein Ziel, irgendwo festzusitzen. Jeden Tag ergeben sich neue Chancen und Herausforderungen, aber hin und wieder *verschiebt* sich die ganze Welt. Die tektonischen Platten des Lebens bewegen sich unter unseren Füßen, und wir brauchen die Tools und die Trainingseinheiten, die wir über die Jahre hinweg angesammelt haben, um uns anzupassen und die nötigen Veränderungen vorzunehmen. Wenn solche Verschiebungen auftreten, dann muss man neubewerten.

> *Das Leben ist ständig im Fluss, und dabei müssen wir mithalten.*

Die Zukunft gehört dir – gestalte sie!

Schauen wir ein wenig in die Zukunft und betrachten eine künftige Version deiner selbst. Du hast die Grundlagen des AMRAP-Prinzips angewandt, um einige kurzfristige Ziele zu erreichen. Du hast sie auch genutzt, um dich selbst, deine Beweggründe und deine Leidenschaft besser zu erkennen – kurz, du hast deine Motivation erkannt. Sie ist stark und unwiderstehlich, du handelst danach und verstärkst sie täglich, indem du dich auf das konzentrierst, was du verändern kannst. Du hast hart gearbeitet – *verdammt* hart und ausdauernd, über Wochen, Monate, Jahre hinweg. Mit der Zeit sind dir deine langfristigen Ziele klar geworden. Du hast Erfolge zu verzeichnen. Eine nach der anderen hakst du deine Leistungen auf der Liste ab, während du dich die ganze Zeit besser auf die Gegenwart konzentrierst. Das Leben wird lebenswerter, weil du einen Sinn, eine Perspektive und Erfolg gefunden hast. Du hast dir Tools angeeignet, mit denen du jede Sekunde nutzen kannst.

Nicht schlecht, oder? Aber auch nicht leicht. Eine solche grundlegende Verwandlung kann Jahre dauern. Und der Weg dorthin bringt dir zwar unzweifelhaft Nutzen, kann aber auch ein chaotischer Mix aus Erfolgen und Niederlagen, Selbstvertrauen und Selbstzweifeln, Klarheit und Verwirrung sein. Die Formel ist einfach, aber ihre Anwendung – oder besser: ihre kontinuierliche Anwendung – kann eine Herausforderung sein. Bleib trotzdem auf dem Kurs; mit der Zeit wird dir das AMRAP-Prinzip zur zweiten Natur. Vertraue dem Vertrauen.

Mir geht es oft so, dass einzelne Menschen, die mir sehr nahestehen, wichtige Auslöser meiner Neubewertungen werden. Nun steht mir niemand näher als Ashley. Ich habe viel von ihr gelernt. Sie ist nicht nur eine wunderbare Ehefrau, sondern auch eine kluge Mentorin, weise Ratgeberin und treue Gefährtin. Einen Großteil meines geschäftlichen und sportlichen Erfolgs verdanke ich ihr. Durch Höhen und Tiefen erinnert mich Ashley immer wieder daran, dass ich konzentriert bleiben, Ablenkungen vermeiden und an Wendepunkten neubewerten muss.

> *Die Formel ist einfach, aber ihre Anwendung kann eine Herausforderung sein.*

Das begann schon, als wir noch frisch verliebt waren. Ich begegnete Ashley zum ersten Mal im Mathekurs an der Highschool. Wir waren beide 14, und sie war – und ist noch heute – viel zu gut für mich. Nachdem wir uns einige Wochen kannten, beschlossen wir, miteinander zu »gehen«. Ich weiß noch, wie ich nach Hause kam und meiner Mutter verkündete, ich habe meine künftige Frau gefunden. (Ich war schon immer bekannt für unerschütterliche Überzeugungen.) Komisch nur, dass sie mich dann nach zwei Wochen sitzen ließ. In meinem Alter war das ein schlimmer Rückschlag, aber ich ließ mich nicht abschrecken. Sie wollte mehr von mir, und sie wollte Gewissheit, dass ich es ernst mit ihr meinte. Ich weiß, es klingt albern, aber schon mit 14 hat Ashley mir beigebracht, nicht nur von etwas zu reden, sondern es zu leben. Ich hörte auf sie, und seitdem haben wir uns nie wieder getrennt.

Große, wichtige Neubewertungen erlebt man nur selten. Das heißt aber nicht, dass man sich nicht selbst ständig überprüfen sollte. Ich selbst tue das täglich. Die große Neubewertung sehe ich als eine Art Summe, die man aus den kleinen täglichen Selbstüberprüfungen zieht.

In vieler Hinsicht ist das wie bei deiner Fitness. Ein Work-out ändert nicht viel; die Summe deiner Work-outs über einen Zeitraum hinweg bestimmt jedoch, wie fit du insgesamt bist und welchen Weg du gehst. Es gibt – außer Avas Gesundheit natürlich – nur eine Sache, die mich nachts wach halten kann, diese bohrende Frage: *Könnte ich noch besser sein?*

Könnte ich ein besserer Ehemann oder Vater sein? Könnte ich noch härter arbeiten, um das Unternehmen erfolgreicher zu machen? Könnte ich fitter sein? Könnte ich produktiver, sinnvoller und wirksamer handeln? *Könnte ich besser sein?* Zu einer gewissen Zeit in meinem Leben behinderte mich diese Frage, jetzt treibt sie mich an. Meine nächtlichen Überlegungen helfen mir, im Gleichgewicht zu bleiben und in allen Lebensbereichen Spitzenleistungen zu bringen. Jason, was hast du heute getan, und könntest du es noch besser tun? Letztlich ist die Antwort immer »Ja«, aber weil ich inzwischen reifer geworden bin, grübele ich weniger und coache mich stattdessen selbst.

Nehmen wir an, ich habe wegen einer Reise mein Work-out vernachlässigt. *Jason, deine Fitness ist der Treibstoff deiner Kraft. Du musst morgen unbedingt früher aufstehen und Training nachholen.*

Oder ich merke, dass ich mich mit meiner Frau nur noch ober-
flächlich unterhalte, weil ich schon die ganze Woche so tief in der
Arbeit stecke. *Jason, Ashley hat*
zwar Verständnis für dich, aber es
ist wichtig, dass du sie fragst, wie
es ihr heute geht und sie abends
zum Essen einlädst.

Ich spreche dann buchstäblich mit mir selbst. Ich weiß,

> *Es gibt eine Frage, die mich*
> *nachts wachhalten kann,*
> *diese bohrende Frage:*
> *Könnte ich noch besser sein?*

das klingt erst einmal ein bisschen komisch, aber ich sage dir – es
funktioniert! Selbst, wenn es nicht das eigentliche Selbstgespräch
ist, das ich weiter oben geschildert habe, hilft ein einfacher Wort-
wechsel mit einem selbst dabei, einen neuen Standpunkt zu sehen
und die Situation neu zu bewerten. Ich nehme an, wenn ich mich
selbst täglich bewerte, verringere ich die Gefahr schwerer Selbstvorwürfe später, ich hätte es anders machen sollen. Das Leben hat
mir zwar ein paar Streiche gespielt, aber ich bin mit mir im Reinen,
weil ich weiß, dass ich getan habe, was ich konnte.

Wann ist es Zeit zu gehen?

Ich würde etwas Wichtiges auslassen, wenn ich dir nicht von 2014
erzählte. Meine Erfahrungen bei den Reebok CrossFit Games von
2014 sind eines meiner besten Beispiele für Neubewertung.

An diesem Punkt meiner sportlichen Laufbahn fühlte ich mich
wie eine gut geölte Maschine. Ich war reifer geworden und konnte
meine eigene Leistung jetzt besser beurteilen, sowohl kurzfristig
wie auch in größeren Zusammenhängen. Mein wertvollstes Kapi-
tal im Wettkampf war immer mein innerer *Los-jetzt*-Schalter gewesen, die Kraft hinter dem *Gotta-go*-Plan.

Wenn wir – du und ich – bei einer Aufgabe gegeneinander angetreten wären, hätte ich gnadenlos versucht, dich zu schlagen. Ich
brachte immer vollen Einsatz mit. Aber 2014 hatte sich einiges für

mich geändert. Mein *Los-jetzt*-Schalter funktionierte noch, aber ich musste ihn ein paarmal drücken, bis es klickte. Ich bewertete meine Motivation für die Games neu. Vor den Wettkämpfen dieses Jahres hatten mehrere wichtige Lebensentscheidungen meine Prioritäten verändert. Ich hatte jetzt Familie. Ich hatte intensiv an der Ausweitung meines Unternehmens gearbeitet. Aber trotz all dieser Verantwortung neben dem Versuch, mich als der fitteste Mann der Welt zu beweisen, gab ich bei der Vorbereitung für die Games mein Bestes.

Bei jedem Wettkampf, zu dem ich antrat, war ich mit ganzem Herzen und allen Gedanken dabei. In den Jahren zuvor hatte ich mich auf kaum etwas anderes konzentriert. 2014 aber war ein großer Teil meines Herzens und meiner Gedanken woanders. Ashley und ich hatten im April 2014 einen Sohn bekommen, Kaden. Jetzt ging es nicht mehr nur um mich und den schwersten Fitnesswettstreit der Welt – sondern auch um Ashley, Ava, Kaden und NCFIT.

Ich brachte im Wettkampf immer noch so viel Einsatz, wie ich konnte, und im Lauf des Wochenendes gelangen mir auch ein paar tolle Leistungen. Ich gewann 2014 zwar nicht, aber das ist schon in Ordnung. Ich wurde Dritter und stellte mich sehr stolz mit meinen Kindern zusammen aufs Treppchen. 2008 hätte ich mich mit dem dritten Platz noch als Versager gefühlt. 2014 war er ein Triumph, weil das AMRAP-Prinzip mich erleuchtet und mir gezeigt hatte, wie ich das Beste aus mir herausholen konnte. Ich gab in jedem einzelnen Moment des Wettkampfs mein Bestes, aber wichtiger war, dass ich meine Antriebskraft genau verstand. Ich hatte alle verbleibenden Zweifel an meiner Leistung oder meiner Motivation überwunden. Ich war ganz einfach glücklich.

Als ich nach der Siegerehrung 2014 vom Podium stieg, hatte ich das befriedigende Gefühl einer gut erledigten Aufgabe. Ich war meinem Weg mit harter Arbeit, Fokussierung, und noch wichtiger, mit Ausgewogenheit treu geblieben. Ein wichtiges Ereignis hatte gerade stattgefunden, und ich fühlte, wie sich die Erde unter meinen Füßen verschob. Ich wusste, dass ich meine Sportlerlaufbahn grundlegend neu bewerten musste. Ich wusste auch, dass das eine große Herausforderung und emotionale Belastung werden würde. Ich würde mich fragen müssen, wie viel Leidenschaft ich noch für den Sport erübrigte und ob ich auch 2015 antreten wollte. Vielleicht noch beängstigender war die Frage, ob ich überhaupt noch Profisportler bleiben wollte. Ich weiß, das klingt klischeehaft, aber im CrossFit war ich wirklich aus Liebe zur Sache dabei. Ich wusste immer, dass es Zeit wäre, Abschied zu nehmen, wenn ich es je wegen des Geldes oder des Ruhmes betrieb. Jetzt spürte ich, dass ich die Leidenschaft für den Wettkampf einfach nicht mehr aufbrachte. Mein tägliches Work-out wollte ich nach wie vor nicht missen, aber meine Begeisterung und Entschlossenheit, um den Titel des fittesten Mannes der Welt zu kämpfen, waren nicht mehr so groß wie früher. Zeit für eine Kursänderung.

Ashley und ich unterhielten uns lange über die anstehende Entscheidung, nicht mehr anzutreten. Sie würde in jedem Fall hinter mir stehen; tief im Innersten wusste ich allerdings, dass wir beide uns mehr Zeit für unsere Kinder, die Familie und die Beziehung wünschten – gemeinsame Zeit. Das ging nicht, wenn einer von uns beiden täglich stundenlang trainieren musste.

Die Antwort war damit klar. Wenn ich die hohen Maßstäbe, die ich mir selbst in allen Lebensbereichen setzte – für den Erfolg als CEO von NCFIT und als Ehemann und Vater – aufrechterhalten wollte, musste ich mich von etwas trennen. Nachdem ich mich als drittfittester Mann auf dem Planeten bewiesen hatte, beschloss ich daher, nicht mehr als Einzelkämpfer zu weiteren Wettkämpfen anzutreten. In vielerlei Hinsicht war das gar keine schwere Entscheidung.

Umgang mit unerwarteten Schwierigkeiten

Obwohl ich als Einzelkämpfer nicht mehr antrat, verließ ich doch die CrossFit Games nicht ganz, weil ich 2015 noch einmal als Mitglied der NCFIT-Mannschaft teilnahm. Die Gelegenheit, zusammen mit Freunden dabei zu sein, aber ohne die Anstrengung und den Druck, der auf den Einzelkämpfern lastet, war ein – größtenteils – wunderbares Erlebnis. Ich genoss das gemeinsame Training mit dem Team und die Tatsache, dass ich mehr Energie für Familie und Geschäft verwenden konnte. Bei diesen CrossFit Games 2015 lernte ich eine ganze Menge, und in mancher Hinsicht waren sie der Höhepunkt meiner Arbeit mit dem AMRAP-Prinzip.

Unsere Mannschaft lag in Führung; wir waren bereits als Favoriten angetreten. Sie bestand aus drei Männern und drei Frauen. Etwa nach der Hälfte der Spiele erlitten wir einen schweren Rückschlag, als Miranda, eine der Frauen, sich ein Kreuzband anriss. Mit einer so schweren Verletzung schied sie natürlich aus. Ihre Mannschaftskameraden mussten jetzt entscheiden, ob sie weiter antreten oder aufgeben wollten.

Zuerst einmal war es gar nicht unsere Entscheidung, ob wir überhaupt dabei bleiben durften. Wir verbrachten einen angespannten Abend damit, auf die Entscheidung der Kampfrichter und der Spielleitung zu warten, ob wir die Möglichkeit hatten, weiter anzutreten. Du weißt, was das heißt – wir mussten uns auf das konzentrieren, was wir unter Kontrolle hatten, um besonnen zu bleiben und unseren Kampfgeist zu bewahren. Schließlich wurde uns mitgeteilt, dass wir bleiben und auch mit fünf Personen weitermachen durften, wenn wir wollten.

Natürlich blieben wir dabei. In den restlichen Wettkämpfen gaben wir alles und schlossen bedeutend besser ab, als man uns zugetraut hätte. Es gelang uns sogar, mehrere Mannschaften zu schlagen, die mit allen sechs Wettkämpfern antraten! Miranda hat ihre Verletzung inzwischen auskuriert und ist jetzt selbst eine sehr erfolgreiche Fitness-Unternehmerin. Wir mussten den Gang wechseln, den Gotta-go-Plan anwenden und uns voll ins Zeug legen, um ins Ziel zu kommen.

Dieses Erlebnis hat mich viel gelehrt, nicht nur über Gangwechsel, Konzentration darauf, was man verändern kann, und Selbstgespräche. Mir wurde auch klar, dass ich nicht ewig auf diesem Level antreten können würde, dass mein Körper die Anstrengungen zu spüren begann, und dass ich bald einige grundsätzliche Entscheidungen bezüglich CrossFit und den Rest meines Lebens treffen musste, über diejenige hinaus, nicht mehr als Einzelkämpfer anzutreten.

Da wusste ich noch nicht, dass schon wenige Monate nach diesen Spielen das Schicksal eingreifen und mir die bisher größte Neubewertung meines Lebens aufzwingen würde. Als bei Ava im Januar 2016 Leukämie festgestellt wurde, waren die Entscheidungen sehr einfach, veränderten aber mein ganzes Leben. Avas Erkrankung und der Kampf dagegen erforderten meine ganze Aufmerksamkeit. Es war gar keine Frage, dass ich jetzt die CrossFit Games und ein paar andere Sachen aufgeben würde. Ich hatte auch keine Zeit oder Kraft mehr für Kleinlichkeit, Wut oder Neid. Ich musste jetzt positiv bleiben und wollte nicht zulassen, dass Negativität von außen mich oder meine Tochter zusätzlich belastete.

Im Rückblick frage ich mich inzwischen oft: Hätte mich der Abschied von den Games wegen Avas Erkrankung härter getroffen, wenn wir gewonnen hätten? Ich wäre dann natürlich sehr darauf aus gewesen, dabeizubleiben, und die Entscheidung wäre mir zumindest schwerer gefallen. So, wie es dann kam, hatte ich aber schon am Ende der Spiele 2015 ernsthaft überlegt, wie meine Teilnahme unsere Familie beeinträchtigte und wann ich aufhören musste, um mich ganz auf unsere gemeinsame Zukunft zu konzentrieren.

Ich wünsche niemandem eine Krebsdiagnose wie die von Ava. Aber das Leben ist voller Ungewissheit, und viele von euch werden einmal mit solchen oder noch schlimmeren Situationen zu tun haben. Ohne positives Denken und die Fokussierung auf das, was ich selbst verändern konnte, hätte ich vielleicht nicht die Kraft zum Durchhalten aufgebracht. Die Krebserkrankung meiner Tochter veränderte unser Leben auf vielen Ebenen, und in vielerlei Hinsicht tut sie es immer noch, während ich dieses Buch schreibe.

Neubewertung im Geschäft

Als Mannschaftsmitglied bei den CrossFit Games lernte ich vieles, das sich gut aufs Geschäftsleben übertragen lässt. Ich hatte mich schon jahrelang darauf konzentriert, in allen Fitnesssportarten »gut« zu sein, aber nie darauf, in einer davon »hervorragend« zu werden. Das ist ein Hauptmerkmal der CrossFit Games: Man muss in vielen Bereichen fit sein. Wenn man zum Beispiel zu viel Muskelkraft mitbringt, ist man kein ausdauernder Läufer mehr. Wer als Läufer viel Ausdauer hat, tut sich vielleicht in der Gymnastik schwer.

Genauso ist es auch im Beruf. Wenn ein Unternehmer oder Angestellter alles selbst erledigen will – kann er das wirklich schaffen? Vielleicht schon. Aber wenn man sich mit vielen Bereichen gleichzeitig befasst, kann man in keinem einzigen davon wirklich 100 Prozent bringen. Nach meiner Erfahrung ist es besser, anderen freie Hand zu geben, ihre Arbeit zu machen. Dadurch sind alle produktiver, und du kannst dich darauf konzentrieren, was du am besten kannst. Als Mitglied einer Mannschaft bei den Games konnte ich mich eher auf meine Stärken als auf meine Schwächen konzentrieren. Das machte nicht nur mir mehr Spaß, sondern brachte auch der Mannschaft am meisten. Es gibt viele Gründe, Leistung in schwachen Bereichen zu verbessern, aber im Beruf wie beim Mannschaftssport geht es vor allem darum, Stärken zu erken-

> *Es gibt viele Gründe, Leistung in schwachen Bereichen zu verbessern, aber im Beruf wie beim Mannschaftssport geht es vor allem darum, Stärken zu erkennen.*

nen. Die jedes Teammitglieds gezielt auszunutzen, bringt der Gruppe als Ganzes am meisten.

Reife, Selbstbewertung und brutale Ehrlichkeit

Der Entschluss, nicht mehr nach einem Titel bei den Games zu streben, war auch ein Teil meines Erwachsenwerdens. Wenn man älter wird, sollte man sich klarmachen, was man wirklich will. Man muss für etwas einstehen und einen persönlichen Verhaltenskodex haben. Der ist bei jedem anders. In meinem Fall ging es darum, dass ich langsam älter wurde und mehr Verantwortung zu übernehmen hatte – viel mehr als bei meiner ersten Teilnahme an den CrossFit Games 2008. Ava war sehr krank, und ich musste ihr sofort all meine Kraft widmen. Ich hatte einfach keine Zeit, für einen Fitnesswettbewerb zu trainieren. Andere hätten vielleicht beides unter einen Hut gebracht, aber für mich gab es nur alles oder nichts. Ava war wichtiger. Es war nicht nur die richtige Lösung, die Games aufzugeben, sondern auch die einzige. Wir standen im schwersten Kampf unseres Lebens, dem gegen den Krebs, und wir wollten ihn unbedingt gewinnen. Und das werden wir auch.

Das heißt nicht, dass ich während dieser Zeit Fitness und Gesundheit vernachlässigt hätte. Wie gesagt, Fitness hält mich geistig gesund und hilft mir, positiv zu denken. Fitness ist eine lebensspendende Kraft für mich. Aber von diesem Moment an gab ich die Besessenheit auf, unbedingt die CrossFit Games gewinnen zu wollen.

Wenn man älter wird, sollte man sich klarmachen, was man wirklich will. Man muss für etwas einstehen und einen persönlichen Verhaltenskodex haben.

Was man dafür braucht, ist vor allem Ehrlichkeit, brutale und nicht nachlassende Ehrlichkeit. Egal, ob du gerade eine der großen Neubewertungen durchführst, die nur selten vorkommen, oder deine Tagesleistung Revue passieren lässt, sag dir dabei immer wieder *Verdammt, wach auf*. Wer du bist, was du tust, worum es dir geht – ist das wirklich wichtig? Wohin willst du, und willst du wirklich dorthin? Bist du auf dem richtigen Weg, und tust du alles dafür, was du kannst? Wenn ja, warum bist du noch nicht angekommen? Diese Fragen sollen dich nicht etwa runterziehen und fertigmachen, auch wenn du deine Ziele noch nicht erreicht hast. Du sollst dir auf diese Weise nur den Puls messen, ein bisschen kaltes Wasser ins Gesicht spritzen und den Energiestoß wie nach einer Tasse starken Kaffees spüren. Du solltest begeistert von deinem Ziel sein, und wenn nicht, solltest du vielleicht etwas ändern.

PRAXISÜBUNG

Achtsamkeits-AMRAP *(30 Minuten)*:

Stell einen Timer auf 30 Minuten und bewerte dich selbst ehrlich (bzw. bewerte dich neu). Mach dir Notizen. Überprüfe zuerst deine Motivation, dann stell dir die folgenden Fragen und beantworte sie schonungslos und unumwunden.

- Wer bist du?
- Was tust du gerade?
- Worum geht es dir?
- Ist es dir wirklich wichtig?
- Wohin willst du?
- Willst du wirklich dorthin?
- Bist du auf der richtigen Spur?
- Tust du alles dafür, was du kannst?
- Wenn ja, warum bist du noch nicht angekommen?

Schau dir deine Situation an und suche nach Möglichkeiten, deinen Ansatz zu verbessern. Falls nötig, reflektiere noch einmal deine Motivation und bewerte deine innersten Beweggründe und Wünsche neu. Setze vor Ende der halben Stunde mindestens zwei Termine für weitere Neubewertungen innerhalb der nächsten 12 Monate fest.

Trainings-AMRAP (6 Minuten):

Stell einen Timer auf 6 Minuten und vollführe so viele Burpees wie möglich.

Ein Burpee ist eine Fitnessübung, die aus dem aufrechten Stand begonnen wird. Lass dich vornüber in den Liegestütz fallen, sodass Knie und Brustkorb den Boden berühren. Dann stehe oder springe wieder auf. Anschließend springe in die Luft und schlage die Hände über dem Kopf zusammen. Jedes Händeklatschen bedeutet einen Durchgang. Fertig? Los!

Jasons Profi-Tipp: Kommt dir bekannt vor, oder? Das war dein allererstes Work-out auf dem Weg zum AMRAP-Prinzip. Jetzt ist die richtige Zeit für eine Neubewertung. Du kennst noch dein Ergebnis aus dem ersten Kapitel – übertriff es!

KAPITEL 7

LEBEN NACH DER AMRAP-MENTALITÄT

Mit der Arbeit an diesem Buch begann ich in den letzten Monaten des Jahres 2015. Kurz darauf, im Januar 2016, wurde bei Ava die Akute Lymphatische Leukämie (ALL) des Kindesalters diagnostiziert. In diesem Moment änderte sich alles, und das Buch, das du gerade gelesen hast, war nicht das, das ich zu schreiben angefangen hatte. Was als Business- und Fitnessratgeber begonnen hatte, wurde zur Geschichte meiner Familie und erzählt jetzt, wie uns die Lektionen, die ich zuvor gelernt hatte, durch eine bewegte Zeit halfen.

Nach zweieinhalb unglaublich schwierigen Jahren hat Ava ihre Chemotherapie inzwischen hinter sich. Es waren zweieinhalb Jahre voller nervenzehrender Krankenhausbesuche, schmerzhafter Lumbalpunktionen, Tabletten, Sauerstoffmasken und vieler schlafloser Nächte. Jetzt, im Frühling 2018, während ich dieses Buch abschließe, liegt der erste Bluttest nach der Behandlung vor – krebsfrei.

Ava ist heute wieder ein normales Kind. Sie spielt mit ihrem Bruder Kaden und kann uns bei unseren Reisen um die Welt begleiten. Ihre Zukunft liegt hell und neu vor ihr.

Für Ashley und mich aber ist der Kampf noch lange nicht vorbei – sowohl der um Ava wie auch der gegen Krebs bei Kindern

allgemein. Die Nebenwirkungen der Therapie unserer Tochter sind noch weitgehend unerforscht, und wir müssen daher
stark und wachsam bleiben. Außerdem können wir uns jetzt, da
Ava das Schlimmste hinter sich hat, darauf konzentrieren, Spenden für die Krebsforschung und andere betroffene Familien zu
sammeln.

Neben dem Kampf gegen Krebs bei Kindern bin ich dabei, mir
neue Ziele für mich selbst und das Unternehmen zu setzen. Den
CrossFit-Wettkämpfen bleibe ich zwar fern, aber Fitness ist weiterhin einer der wichtigsten Bestandteile meines Lebens. Ich will an
einem Marathonlauf teilnehmen, neue Sportarten ausprobieren
und im Jiu-Jitsu weiterkommen.

NCFIT wächst rasch, und wir sind mit einem wunderbaren
Team aus Weltklasse-Coaches, freundlichen und eifrigen Rezep-
tionisten und unglaublich talentierten Mitarbeitern hinter den
Kulissen gesegnet, die offensichtlich zaubern können. Gemeinsam
haben wir mehr als 20 Fitnessstudios weltweit aufgemacht, von Kalifornien bis Malaysia, und wir sind noch lange nicht fertig! Meine
unglaubliche Familie, meine wundervollen Teamkameraden und
das AMRAP-Prinzip haben mir dabei geholfen, über meine Erwartungen hinaus erfolgreich zu werden.

Das AMRAP-Prinzip und deine Zukunft

Der erste intensive Kontakt mit dem AMRAP-Prinzip wird bei
vielen im Fitnessstudio stattfinden. Sie bei einem Work-out einzu-
üben, ist eine gute Möglichkeit, zu sehen, wie toll sie funktioniert,
und – das sei nicht verschwiegen – wie anstrengend das sein kann.
Diese Anstrengung ist der Preis, den du dafür bezahlst, in neun
Minuten mehr zu schaffen als andere in 90. Aber wenn du einmal
auf den Geschmack gekommen und die Befriedigung gespürt hast,
wirst du mehr wollen.

Sie ist nicht nur ein Tool, das dir bei der Optimierung deines jetzigen Lebens hilft, sondern auch eine wirkungsvolle Art, um die Wendungen deines Schicksals in der Zukunft zu beeinflussen. Ich beschreibe sie gern als eine Art Absicherung gegen das Unvorhersehbare. In einem früheren Kapitel ging es um den Umgang mit großen Belastungen. Das AMRAP-Prinzip hilft dir, ohne dass du es unbedingt merkst, nicht nur dabei, jetzt Ergebnisse zu bringen, sondern auch, sie in der Zukunft zu bewahren.

> *Das AMRAP-Prinzip hilft dir nicht nur dabei, jetzt Ergebnisse zu bringen, sondern auch, sie in der Zukunft zu bewahren.*

Ob gut oder schlecht – beides eröffnet neue Perspektiven

Das AMRAP-Prinzip ins Leben einzubauen bedeutet nicht nur, hart zu arbeiten, um Geld zu verdienen, sondern auch intensive Arbeit an nachhaltigen Beziehungen. Meine Frau und ich versuchen seit Jahren, unsere Beziehung so eng wie möglich zu gestalten. Ich kenne Ashley schon seit meinem vierzehnten Lebensjahr, und ich wusste nicht, was für ein Mensch sie mit 30 sein würde. Ich hatte Glück, die richtige Frau zu finden, aber ohne Arbeit und Fokussierung wäre nichts daraus geworden. Mithilfe des AMRAP-Prinzips konnte ich eine sehr viel engere Beziehung zu Ashley und den Kindern aufbauen.

Ich möchte noch etwas zur richtigen Perspektive sagen. Ich ermahne mich selbst täglich, dankbar für alles zu sein, was wir haben, ebenso für alles, was noch vor uns liegt. Jahrelang – und das passiert mir heute noch manchmal – war ich in einem Streben nach immer mehr gefangen und wusste nicht zu würdigen, was ich schon hatte. Arbeitseifer und der Wunsch, den eigenen Erfolg zu schmieden, sind entscheidend – aber deine Ziele und dein Eifer sollten nicht dazu führen, dass du das Gute direkt vor deinen Augen nicht mehr siehst. Erst Avas Krebserkrankung, während der wir so viel Zeit im Krankenhaus verbringen mussten, hat mir gezeigt, wie gut wir es doch haben. Ich würde niemandem wünschen, dieselbe Erfahrung wie wir machen zu müssen, und dabei hatten wir es im Vergleich zu anderen Familien mit krebskranken Kindern noch leicht.

Egal, was du gerade durchmachst, das Problem, dem du gegenüberstehst, kommt dir immer als das massivste vor, das du je gehabt hast. Was einen gerade am meisten beschäftigt, wiegt eben subjektiv am schwersten. Wie kann da jemand behaupten, ein krebskrankes Kind sei schlimmer, als den Arbeitsplatz zu verlieren? Für jemanden, der gerade entlassen worden ist, kann das die schlimmste Erfahrung des Lebens sein, genau wie es unsere schlimmste war, als wir erfuhren, dass Ava Krebs hatte. Diese Situationen unterscheiden sich natürlich stark voneinander, aber das AMRAP-Prinzip ist auf jede beliebige anwendbar.

Wir haben die Pflicht, diejenigen, die Hilfe brauchen, zu unterstützen und für sie da zu sein, wenn sie uns brauchen. Die gegenwärtige Lage aus einer anderen Perspektive zu betrachten, verändert das gesamte Bild, als würde man eine dunkle Sonnenbrille ab- und eine normale Brille aufsetzen. Wenn wir älter werden, ändert sich unsere Perspektive, und wir erkennen, dass vieles, was wir für wichtig hielten, es eigentlich nicht war. Du hast jeden Tag die Gelegenheit, die Welt in positivem oder negativem Licht zu betrachten. Halte es, wie du willst – aber ich entscheide mich für Optimismus.

Zeit, das Buch wegzulegen und an die Arbeit zu gehen

Nehmen wir an, du stöberst in einem Flughafenbuchladen herum, schlägst zufällig dieses Buch auf und blätterst gleich bis zum Schluss durch, wo ja der »Lifehack« stehen muss, die Antwort, die du suchst. Gut, ich stelle dir den Inhalt gern noch mal in einer Kurzfassung zusammen, aber glaub mir, alles andere im Leben ist schwieriger, als in einem Buch bis zum Ende vorzublättern.

Wenn du eine wichtige Lehre aus diesen Seiten ziehen sollst, dann möglichst diese: Du willst Großes erreichen, ob im großen oder kleinen Rahmen? *Dann arbeite verdammt hart dafür.* Und wenn du glaubst, du arbeitest schon hart ... *arbeite noch härter.* Arbeite hart für alles, damit du, wenn es schwierig wird, auch auf alles vorbereitet bist. Schaffe dir jetzt mit deiner Arbeit günstige Voraussetzungen, denn vielleicht wird es später nicht mehr so leicht.

> Mach dir deine Beweggründe klar, erkenne deine Motivation. Richte deinen Fokus auf das, was du verändern kannst. Wechsele den Gang, wenn es nötig ist, und bewerte dich selbst nach Erfolgen wie Niederlagen neu. Und arbeite hart, vom Anfang bis zum Ende.

Ich habe oft erlebt, wie jemand einige Wochen oder sogar mehrere Monate hindurch schwer gearbeitet hat, nur um dann doch die Lust zu verlieren. Das kann passieren, wenn man ungeduldig ist. Nachhaltige Anstrengungen überfordern den Ungeduldigen. Hüte dich, so zu werden. Bleib dran, verlass dich darauf, dass entschlossenes Durchhalten und Beständigkeit zum Erfolg führen. Setze das, was du hier gelernt hast, so lange und so intensiv wie möglich um.

Am Ende wird dein Leben umso besser und deine Zukunft umso gesicherter sein, je mehr und je länger du dafür gearbeitet hast. Das verspreche ich dir.

Es kommt nicht darauf an, ob du Profisportler bist oder ob du es auf deinem Gebiet schon zu Erfolg gebracht hast. Es funktioniert bei jedem.

Jetzt ist es Zeit, loszulegen. Mach dich auf den Weg und pack es an – mit dem AMRAP-Prinzip!

ANHANG

Liebe Freunde, willkommen am Schluss dieser AMRAP-Übung. In vielerlei Hinsicht ist sie allerdings auch der Beginn deiner nächsten. Du hast jetzt die Tools zur Verfügung, um dein Leben zu optimieren. Ob du damit anfängst, endlich den Stapel schmutzigen Geschirrs in der Spüle abzuwaschen, intensiver zu trainieren, oder dich ausgiebiger mit deiner Motivation zu befassen – das Wichtigste ist, dass du anfängst. Der erste Schritt ist immer der schwerste, aber ich rate dir, keine Zeit zu verlieren. Mach dich gleich an die Arbeit.

Ich bin dir sehr dankbar, dass ich dein Interesse für dieses Buch wecken konnte. Ich helfe gern anderen Menschen und freue mich, wenn sie ihr Leben verbessern, sowohl im Fitnessstudio als auch außerhalb. Ich hoffe ernsthaft, dass du etwas mitnimmst, das du einsetzen kannst, um deine Motivation aufzubauen und auf befriedigende und bedeutsame Weise auszuleben. Wenn dieses Buch auch nur einem Menschen dabei hilft, im Leben besser zurechtzukommen oder den richtigen Kurs für sich zu finden, dann ist das schon ein großer Erfolg.

Damit will ich mich von dir verabschieden. Das Leben ist manchmal hart, das ist leider unbestreitbar, und der eigene Weg ist nie einfach oder berechenbar. Es werden Zeiten kommen, in denen du glaubst, dass du nicht mehr weitermachen kannst und dass die ganze Welt sich gegen dich verschworen und dich zum Untergang verurteilt hat. Glaub mir – das stimmt nicht. Du hast das Zeug, Großes zu erreichen. Und wenn es ganz hart kommt, wenn andere scheitern oder aufgeben, erhebst du dich über das

Schicksal. Halte nur immer am AMRAP-Prinzip fest, denk an deine Motivation und konzentriere dich darauf, was du verändern kannst.

Wenn du deiner Motivation sicher bist – dann schau in den Spiegel und sag dir, »Auf jeden Fall mache ich weiter!«

I. Das AMRAP-Prinzip in Kürze

Das AMRAP-Prinzip ist eine hocheffektive Denkweise, die aus fünf Grundbausteinen besteht. Sie ist das Tool, das ich täglich einsetze, um meine großen und kleinen Ziele zu erreichen, und ein wichtiger Faktor für meine geschäftlichen und sportlichen Erfolge. Sie war auch einer der wichtigsten Ansätze, mit denen meine Frau und ich den Kampf gegen Avas Leukämie geführt haben. Ich hoffe, dass sie auch in deinem Leben sinnvolle und tiefe Veränderungen bewirkt. Im Folgenden findest du eine kurze Zusammenfassung aller Bausteine des AMRAP-Prinzips.

Erkenne deine Motivation
Dein Warum, die Motivation, ist die Grundlage für das AMRAP-Prinzip. Sie ist der tiefere Sinn hinter allem, was du tust. Deine Motivation bestimmt, was du tust, und hält dich auf Kurs. Sie ist mehr als nur ein Treibstoff. Eine starke Motivation setzt voraus, dass du genau weißt und verstehst, wer du bist, was du tust, und warum du es tust. Sie kann sich mit der Zeit ändern – eins aber bleibt konstant: Ohne eine starke Motivation kommst du vom Weg ab, wirst abgelenkt oder jagst den falschen Zielen nach.

Konzentriere dich auf das, was du verändern kannst
Im Leben, im Geschäft und bei Wettkämpfen kann man alle Faktoren danach in zwei Kategorien einteilen, ob man sie unter Kontrolle hat oder nicht. Wenn man sie systema-

tisch durchgeht, erkennt man, dass es nur wenig gibt, was man selbst in der Hand hat. Das aber sind sehr wichtige Faktoren: Denkweise, Handeln, Reaktionen, Vorbereitung, Arbeitseifer und Entschlossenheit zum Beispiel. Wenn du deine wertvollen Kräfte stattdessen auf anderes verschwendest, woran du sowieso nichts ändern kannst, dann können die Dinge schnell schiefgehen. Eine solche Denkweise schwächt dich und liefert dich der Gnade anderer Menschen aus. Insgesamt fährst du auf jeden Fall besser und bist glücklicher, wenn du dich darauf konzentrierst, was du verändern kannst.

Arbeite hart

Harte, sinnvolle Arbeit ist die Währung des AMRAP-Prinzips. Wenn du nicht bereit bist, dich an die Arbeit zu machen oder lieber nach Abkürzungen suchst, ist sie nicht die richtige Denkweise für dich. Kremple die Ärmel hoch, lass die Ausreden sein und hau rein. Es gibt keine bessere Methode, um Erfolg zu haben, als wirklich harte Arbeit. Das klingt nach einer Binsenweisheit, aber oft muss man wirklich nur aufhören zu debattieren und stattdessen einfach anfangen. Auf geht's!

Wechsele rechtzeitig den Gang

Gangwechsel heißt im AMRAP-Prinzip, dass man im gegenwärtigen Moment lebt und handelt. Wenn du arbeitest, konzentriere dich auf die Arbeit. Wenn du zu Hause bei deiner Familie bist, denk nur an die Familie. Wenn du trainierst, richte den Fokus auf das Training. Versuche, mit ganzem Herzen dabei zu sein. Sei geistig ebenso anwesend wie körperlich – konzentriere dich ganz auf das, was du gerade tust, und wenn es Zeit für die nächste Aufgabe wird, wechsele den Gang und widme dich ihr genauso vollständig. Wenn du mit deinen Gedanken woanders bist, während du etwas erledigst, wird das Ergebnis nicht optimal sein.

Bewerte die Lage neu, wenn nötig

Augenblicke der Neubewertung sind im AMRAP-Prinzip jene Wendepunkte im Leben, an denen du geistig auf Abstand zu dir selbst gehst und deine Motivation und Fokussierung überprüfst. Das geschieht an wichtigen Stationen deines Lebenswegs, gewöhnlich nach großen Veränderungen. Die Fähigkeit zur Selbstüberprüfung ist wesentlich und setzt tiefe Selbsterkenntnis voraus. Deine Ziele und Motive können sich mit der Zeit ändern; das ist in Ordnung. Wichtig ist, dass du auf die Veränderungen deiner Umwelt reagierst und dich nicht in etwas verbeißt, das nicht mehr das Richtige für dich ist. Nicht umsonst heißt es, das richtige Timing ist alles. Das gilt auch für das AMRAP-Prinzip – deine Motivation als Zwanzigjähriger kann eine andere sein als diejenige, die du mit 30 hast. Nimm dir die Zeit, deine Motivation immer wieder zu überprüfen.

Diese Denkweise ist keine Spielerei. Sie ist weder ein billiger Trick noch ein Hack oder eine Abkürzung. Ich will dir nicht weismachen, mit dem AMRAP-Prinzip könntest du dein Leben wie durch Zauberhand verändern, während du dich zurücklehnst und an einer Frozen Margarita nippst. Du musst arbeiten, und damit dieses Rezept richtig funktioniert, musst du härter als alle anderen Anwesenden arbeiten. Aber das solltest du ohnehin wollen. Wenn du gelernt hast, die Arbeit zu genießen, ist der Erfolg nur umso schöner – weil du ihn dir verdient hast.

II. AMRAP im Fitnessstudio

Eine der besten Möglichkeiten, das AMRAP-Prinzip sofort einzu-
üben – nicht morgen, übermorgen oder ab Montag –, ist Fitnesstraining. Fitness spielt in meinem Leben eine große Rolle. Das
Training ist für mich ein tägliches Ritual, ob zu Hause, unterwegs
oder irgendwo dazwischen. Ich habe schon an jedem denkbaren
Ort trainiert. Damit halte ich nicht nur meinen Körper für die
Wechselfälle des Lebens fit, sondern auch meinen Geist klar. Ich
gewinne eine bessere Perspektive und setze meine Energie gezielt
ein. Es kommt nicht darauf an, ob du erst zehn Sekunden oder seit
zehn Jahren trainierst – du lernst jedes Mal etwas dazu, wenn die
Uhr von 00:00 auf 00:01 springt.

Hier stelle ich kurz einige meiner Lieblings-Work-outs vor. Sie
sind nach Schwierigkeitsgrad (Einsteiger, Geübte, Fortgeschrittene) und Ort (zu Hause/ Hotel) gegliedert und setzen kaum oder
gar keine Geräte voraus.

Die folgenden Work-outs beruhen alle auf dem AMRAP-Prinzip: Führe so viele Durchgänge oder Reps aus, wie du im festgeleg-
ten Zeitraum schaffst. Achte aber immer auf deine jeweilige Kondition und wärme dich vorher ordentlich auf. Wenn du das Work-out
an deine Voraussetzungen anpassen musst, macht das nichts. Es ist
sowieso besser, es zuerst langsam angehen zu lassen und sich dann
hochzuarbeiten.

AMRAP-WORK-OUTS FÜR EINSTEIGER

zu Hause

AMRAP in 10 Minuten

- 10 Kniebeugen
- 5 Knie-Liegestütze
- 10 Kniebeugen im Liegen (Knie auf dem Rücken liegend bis an die Brust ziehen)

Hotel

AMRAP in 10 Minuten

- 1 Minute auf dem Laufband oder Standfahrrad (mittlere Geschwindigkeit)
- 10 Hantel-Thruster (leicht)
- 5 Burpees ohne Liegestütze

AMRAP-WORK-OUTS FÜR GEÜBTE

Zu Hause

AMRAP in 15 Minuten

- 20 Lunges (abwechselnde Ausfallschritte)
- 10 Burpees
- 20 Sit-ups

Hotel

AMRAP in 15 Minuten

- 1 Minute auf dem Laufband oder Standfahrrad (hohe Geschwindigkeit)
- 10 Hantel-Thruster (mittelschwer)
- 10 Hantel-Burpees

AMRAP-WORK-OUTS FÜR FORTGESCHRITTENE

Zu Hause

AMRAP in 20 Minuten

- 20 Sprung-Kniebeugen
- 15 Handstand-Liegestütze
- 20 Sit-ups mit Gewichten

Hotel

AMRAP in 20 Minuten

- 1 Minute auf dem Laufband oder Standfahrrad (Bergauffahrt)
- 10 Hantel-Kniebeugen (schwer)
- 10 Hantel-Thruster vom Boden bis über den Kopf

Mehr Work-outs und Trainingstipps findest du auf Instagram unter @amrapmentality und @jasonkhalipa. Um über NCFIT auf dem Laufenden zu bleiben und dir einige unserer Work-out-Kurse anzuschauen, kannst du @nc_fit auf Instagram oder www.nc.fit folgen. Dort erfährst du mehr. Und falls du je in San José vorbeikommst, schau doch mal in einem unserer Studios vorbei und sag Hallo. Wie immer gilt auch hier: Trainiere vernünftig und so, dass es Spaß macht.

III. Das AMRAP-Prinzip in der Küche

Über Ernährung habe ich in diesem Buch nicht gesprochen, aber ich möchte noch ein paar schnelle Tipps loswerden, was das Essen angeht. Für mich und meine Familie ist die richtige Ernährung sehr wichtig. Lebensmittel sind nicht nur buchstäblich der Treibstoff unseres Körpers, sondern bieten uns auch die Gelegenheit, uns auszutauschen, persönliche Bindungen aufzubauen und miteinander zu feiern. Sie bringen uns Leben, Freude und Glück. Mit einer hochwertigen Ernährung konnte ich nicht nur meine sportlichen Erfolge sichern, sondern auch Avas Therapie voranbringen.

Essen hat aber auch eine dunkle Seite. Ich sage dir aus Erfahrung, dass man sich durch falsches Essen ebenso sehr schaden kann, wie man von dem richtigen profitiert. Manchmal wollen wir damit unsere Probleme überdecken oder uns vor ihnen verstecken. Diese Angewohnheit bewirkt oft einen unaufhaltsamen Abstieg in die Einsamkeit. Leider haben viele Menschen ein gestörtes Verhältnis zum Essen und machen sich nie klar, wie viel ihnen eine vernünftige Ernährungsweise bringen kann.

Sich über die richtige Ernährung zu informieren kann allerdings kompliziert werden. Man hört allen möglichen Unsinn, sinnlose Diäten kommen in Mode, selbst ernannte Wunderdoktoren lügen und betrügen. Dabei ist die richtige Ernährung im Grunde eine ganz einfache Sache. Wie wir darüber denken, erfährst du, wenn du dir unsere Ernährungsphilosophie auf www.nc.fit/nutrition durchliest und auf Instagram *Ava's Kitchen* (@avas.kitchen) folgst.

IV. Das AMRAP-Prinzip – eine Denkweise fürs Leben

Für alle, die mehr daran interessiert sind, das AMRAP-Prinzip auf andere Aufgaben und Ziele anzuwenden, gibt es noch mehr Wege, diese Denkweise auszubauen. Hier ein Beispiel: Probiere das AMRAP-Prinzip anhand unterschiedlicher Aufgaben aus. Nehmen wir an, du sollst im Büro einen Statusbericht schreiben – einen, der kritisches Denken und analytischen Blick erfordert. Anstatt einen ganzen Tag lang immer wieder daran herumzubasteln, setz dich lieber eine festgelegte Zeit hindurch – sagen wir zwei Stunden – davor, schließ die Tür ab, lass alle Ablenkungen hinter dir und leg los. Du wirst sehen, wie viel mehr erstklassige Arbeit du leisten kannst, wenn du dich ganz darauf konzentrierst. Wenn der Wecker klingelt, lass die Aufgabe hinter dir und lade deinen Akku neu auf, vielleicht mit einem Spaziergang. Dann stell die Uhr für die nächste Sitzung.

Wende diese Übung auf deine persönlichen Beziehungen, dein Arbeitsleben, auf die Vorbereitung fürs Abschlussexamen und ruhig auch beim Schneeschaufeln an. Du wirst sehen, bei jeder Anwendung klappt es ein bisschen besser. Setze das AMRAP-Prinzip dauerhaft beim Erreichen deiner langfristigen Ziele ein, und du bist unschlagbar.

DANK

An alle, die während Avas Erkrankung für uns da waren – meine Familie, meine Freunde und unser Team bei NCFIT. Ich danke euch aus tiefstem Herzen. Durch eure Unterstützung war eine sehr schwierige Situation viel leichter zu meistern.

An Mom und Dad. Ihr seid meine größten Vorbilder für Entschlossenheit und Integrität.

An Ashley. Du ermutigst mich immer wieder, meinem Potenzial gerecht zu werden. Alles Wunderbare in meinem Leben verdanke ich dir.

An Ava und Kaden. Ihr bringt eine Klarheit in mein Leben, die ich noch nie erlebt hatte. Euer Lächeln ist, wofür ich lebe, und das wird immer so bleiben.

An Austin Begeibing. Du hast mich in das Programm eingeführt, das mein Leben für immer veränderte.

An meine geschäftlichen Mentoren – Joe, Minh, Mike, Jerry und Paul. Ich konnte immer auf eure Hilfe zählen, und sie hat mehr bewirkt, als ihr euch vorstellen könnt.

An alle gegenwärtigen und vergangenen NCFIT-Mitglieder. Ich danke euch dafür, dass ihr die beste Gruppe seid, die ich mir hätte wünschen können.

An meine Coaches Chris und Adam. Danke für das, was ihr für mein Training und mein Leben getan habt.

An unsere NCFIT-Gemeinde. Ihr ermöglicht uns, mit dem, wofür wir uns begeistern, unseren Lebensunterhalt zu verdienen. Danke!

An Matt Walker. Du hast mich öfter rausgehauen, als ich zählen kann. Du bist ein großartiger Freund und Geschäftspartner.

An Matt DellaValle. Ich bin stolz auf unsere gemeinsame Leistung für dieses Buch. Danke für deine Hilfe!

An alle, die sich die Zeit genommen haben, dieses Buch zu lesen. Ich danke euch!

Das perfekte Mindset – Peak Performance

Brad Stulberg

Es gibt eine Handvoll Prinzipien die Bestleistung ermöglichen, egal in welcher Disziplin.

Brad Stulberg, ehemaliger McKinsey-Berater, und Steve Magness, Trainer olympischer Athleten, haben das Phänomen Spitzenleistung und das dazugehörige Mindset erstmals wissenschaftlich untersucht. Das Ergebnis: Es spielt keine Rolle, in welchem Bereich man zu Höchstformen auflaufen will – mit dem perfekten Mindset kann jeder für sich eine Strategie finden, die unabhängig vom gesteckten Ziel funktioniert und sich bei der beruflichen Karriere, sportlichen Wettkämpfen und kreativen Prozessen, ja sogar im Privatleben anwenden lässt.

Das perfekte Mindset kombiniert inspirierende Geschichten von Top-Performern aus Sport, Forschung und Kunst mit den neuesten Erkenntnissen der Neurowissenschaften – ein lebensveränderndes Strategiebuch, das alle Geheimnisse des Wegs zum Erfolg offen legt.

ca. 227 Seiten | Hardcover | 19,99 € (D) | 20,60 € (A) | ISBN 978-3-95972-212-4

Der Weg der Disziplin

Jocko Willink

Nur wer weiß, was er wirklich will, und die Disziplin hat, diesen Weg unbeirrt zu gehen, wird seine wahre Freiheit finden. #1 New York Times-Bestseller-Autor Jocko Willink hat im Rang des Commanders unter den SEALs in der höchstdekorierten Specialeinheit im Irak gekämpft. Erstmals beschreibt er, wie sich jeder mit physischer und mentaler Disziplin in die Lage versetzen kann, seine Leistung in allen Bereichen des Lebens zu steigern. Er demonstriert, wie man smarter, schneller und gesünder wird und zugleich die eigenen Ziele im Leben erreichen kann.

In *Der Weg der Disziplin* bündelt Jocko Willink das notwenige Wissen über Disziplin und zeigt, wie sich Schwächen besiegen, Angst überwinden und beständiges Aufschieben verhindern lassen. Zudem finden sich im Buch spezifische Workouts zur physischen Leistungssteigerung für Anfänger, Fortgeschrittene und erfahrene Athleten sowie die besten Gewohnheiten um optimalen Schlaf und bestmögliche Ernährung zu gewährleisten.

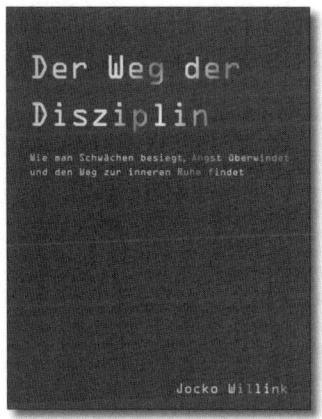

ca. 208 Seiten | Hardcover | 22,99 € (D) | 23,70 € (A) | ISBN 978-3-95972-143-1

Tools der Titanen

Tim Ferriss

»Ich habe dieses Buch, mein ultimatives Notizbuch voller nützlicher Werkzeuge, für mich selbst kreiert. Es hat mein Leben verändert und ich hoffe, dir wird es genauso helfen.« TIM FERRISS

»In den letzten zwei Jahren habe ich beinahe 200 Weltklasse-Performer interviewt. Die Bandbreite der Gäste reicht von Stars (Jamie Foxx, Arnold Schwarzenegger) und Topathleten bis hin zu legendären Kommandanten von Spezialeinheiten und sogar Schwarzmarkt-Biochemikern. Viele meiner Gäste akzeptierten erstmals in ihrer Karriere ein Zwei-bis-drei-Stunden-Interview. Dieses Buch enthält unverzichtbare Tools, Taktiken und Insiderwissen, die anderswo nicht zu finden sind, außerdem neue Tipps von früheren Gästen und Lebensweisheiten neuer Gäste, die du noch nicht kennst.«

ca. 720 Seiten | Hardcover | 24,99 € (D) | 25,70 € (A) | ISBN 978-3-95972-026-7

Tools der Mentoren

Tim Ferriss

Alle Menschen brauchen Mentoren. Tim Ferriss hat die 100 besten der Welt vereint.

Wer sich mit den wichtigsten Fragen des Lebens auseinandersetzt, sucht oftmals nach Rat – gerade in Situationen, wo alles gegen einen zu laufen scheint. Tim Ferriss, viermaliger #1-Bestsellerautor, hat mehr als 100 Mentoren ausfindig gemacht, die ihm geholfen haben und jedem helfen können, dem eigenen Leben die richtige Richtung zu geben. In kurzen, energiegeladenen Porträts enthüllt Ferriss die Geheimnisse der Mentoren für Erfolg, Glück und den Sinn des Lebens. Egal, wie groß die Herausforderungen sind, denen man sich stellen muss, oder die Chancen, die man ergreifen will, jeder wird auf diesen Seiten etwas finden, das ihm dabei hilft.

Nach *Die 4-Stunden-Woche* und *Tools der Titanen* erscheint mit Tools der Mentoren der neue Bestseller von Silicon-Valley-Legende Tim Ferriss. Erstmals sprechen die besten Weltklassesportler, Ikonen und Legenden unserer Zeit über Erfolg, Glück und den Sinn des Lebens.

ca. 640 Seiten | Hardcover | 29,99 € (D) | 30,90 € (A) | ISBN 978-3-95972-108-0